瘦身从早餐开始

萨巴蒂娜·主编

化学工业出版社

·北京·

俗话说，早餐要吃好，午餐要吃饱，晚餐要吃少。营养专家指出，每天吃一顿营养早餐对身体健康非常重要，同时早餐中摄入的食物也是一天中最不容易转变成脂肪的。本书介绍了 97 道科学配比的瘦身早餐，包括能量满满早餐、高维多纤早餐、健康杂粮早餐、快手素食早餐。每一餐都有烹饪秘籍、营养贴士和参考热量，为完善营养素供给及增强饱腹感，一些食谱还附有"搭配推荐"。

不用担心热量过高，不用费心搭配，轻松瘦身从早餐开始。

图书在版编目（CIP）数据

瘦身从早餐开始 / 萨巴蒂娜主编 . —北京：化学工业出版社，2019.10
ISBN 978-7-122-34944-6

Ⅰ . ①瘦…　Ⅱ . ①萨…　Ⅲ . ①减肥－食谱　Ⅳ . ① TS972.161

中国版本图书馆 CIP 数据核字 (2019) 第 153167 号

责任编辑：马冰初　　　　　　　文字编辑：李锦侠
责任校对：边　涛　　　　　　　装帧设计：子鹏语衣

出版发行：化学工业出版社（北京市东城区青年湖南街 13 号 邮政编码 100011）
印　　装：天津图文方嘉印刷有限公司
710mm×1000mm 1/16　印张 13　字数 300 千字　2019 年 11 月北京第 1 版第 1 次印刷

购书咨询：010-64518888　　　售后服务：010-64518899
网　　址：http://www.cip.com.cn
凡购买本书，如有缺损质量问题，本社销售中心负责调换。

定　价：49.80 元

推荐序

吃好早餐对减肥的人来说特别重要

　　萨巴厨房出版了不少美食书，每一本都是简单易做的，也都是追求营养健康的，这本书也不例外。整体来看，我手里的这本《瘦身从早餐开始》有清晰的搭配原则，有简单的热量计算，有实用上手的制作方法，是一本兼顾营养、美味与便捷的菜谱。

　　作者在正文开始的部分就贴心分享了能够快速做好美味早餐的小贴士，还介绍了厨房的好帮手——一些小电器。其实我个人非常推崇使用一些厨房电器以取代传统的煎炒烹炸的制作方式，合理地运用这些厨房电器是很棒的选择。这本书中的菜谱大部分采用的是少油烟、环保健康的烹饪方式，希望更多的人能够学习并掌握这些健康的烹饪方法。

　　吃好早餐，对于减肥的人来说特别重要。有研究证实，吃早餐的人，肥胖的发生率比不吃早餐的人要低得多，且时间越长，这一差异就越明显。另外，经常不吃早餐，还会令糖尿病和心脏病的患病风险增加。

　　这本书中的菜谱不仅适用于早餐，还适用于午餐和晚餐制作快手菜。尤其是里面有很多健康美味的蛋类料理，是颜值和味道的美妙组合。当然，其中有一些原先是外国料理，是作者结合了自己的实践经验，贴心地改编成了适合中国家庭的美味佳肴，非常值得学习。

中国营养学会注册营养师　知名健康博主

吴佳

前言

我的生活越来越简单了。

现在作息很规律，按时睡觉，早起，不熬夜。

三餐规律，早餐和晚餐一定是自己做的。在宠爱自己这方面，我从来不怕花费时间和精力。

真是喜欢现在的自己。

所以越来越喜欢早起，感觉早起就能掌控自己的一天，甚至自己的命运。

早起可以做很多事，锻炼，喝茶，种花，还有美美地来一顿早餐。

早晨的时间都是自己的，就算9点之后要去门外的世界披荆斩棘，但是在出门前的这段时间，就是我自己的。

烧一壶滚烫的水，泡一杯好茶。水要滚沸和洁净，茶放在那里凉着就好。早起的人有充足的时间给自己做一顿早餐。营养充分，有蔬菜和水果，有蛋白质和粗粮。

早晨吃饱了，上午精力充沛，吃午饭的时候才更加从容。

早餐给我提供的营养和精力，可以眷顾我的一天。

瘦身从早餐开始，健康的生活方式从早晨开始。

祝愿每个人都可以早起，做一个健康的人。

萨巴蒂娜

目录

第一章

能量满满早餐

什锦鸡蛋羹
010

煎蛋饼
012

奶酪烘蛋
014

肉燥豆腐
016

虾仁豆腐锅
018

卤豆腐
020

凉拌黄瓜豆腐丝
022

氽汤肉片
024

梅干菜排骨粥
026

菜肉馄饨
028

羊肉粉丝汤
030

第二章

高维多纤
早餐

口蘑烩小油菜
065

菠菜炒蛋
066

番茄菜花油豆腐
068

暴腌小黄瓜
070

腐竹豌豆尖
072

炒素菜
074

酸辣木耳
076

胡萝卜丝沙拉
078

水煮西蓝花与煎口蘑
080

奶酪沙拉
082

宝藏沙拉
084

芒果深绿沙拉
086

烤菜花沙拉
088

低脂凯撒沙拉
090

藜麦南瓜能量沙拉
092

羽衣甘蓝甜瓜思慕雪
094

烤番茄
096

奶油炖菜
098

杂蔬藜麦玛芬
100

西葫芦鸡蛋饼
102

青菜素包子
104

川味泡菜炒儿菜
106

第三章

健康杂粮
早餐

咸燕麦粥
108

杂粮豆浆
110

八宝粥
112

南瓜红薯红枣粥
114

紫米紫薯玫瑰粥
116

牛肉山药杂粮粥
118

肉松芹菜海苔粥
120

骨汤小米白菜粥
122

虾仁玉米糊
124

紫薯南瓜球
126

土豆泥小饼
128

炒乌冬面
130

鲜虾荞麦面
132

小米鹰嘴豆黄瓜沙拉
134

酸奶酱藜麦沙拉
136

第四章

快手素食早餐

早餐心得

　　做早餐基本上花 10~30 分钟比较合适。用时太久的复杂菜品早晨做也不现实。

　　平时就做自己擅长的，相对简单好做的。周末的时候时间充裕，可以玩点花样。如果每天都变着花样地做各式各样的早餐，不利于备餐买食材，一般人也很难坚持下来。找到适合自己生活方式、饮食习惯的合理搭配，才能养成吃早餐的好习惯。

　　平时难免在外就餐的时候，可能更多的是以口味为主。而早餐在家吃的时候比较多，所以就越发要注重营养。应尽量以健康为主，吃足量蔬菜、杂粮、优质蛋白并且少油少盐。这样按周、按月平均下来，也能获得一个整体相对健康的饮食结构。

走出思维误区

误区一

白粥馒头加咸菜——看似清淡可口的早餐，营养却太单一。

解决方案● 不如把小咸菜换成一小碗青菜，再用杂粮替换一半的精白米面。

误区二

一碗牛奶麦片——选对了麦片才能成为更优秀的早餐，添加剂较少的纯麦片更健康。

解决方案● 需要煮制的燕麦片饱腹感更强，如果再搭配一些新鲜水果来补充维生素就更好了。

误区三

每天咖啡加面包——需要做点加法，给时尚早餐加点营养。

解决方案 ● 可颂面包里面可以夹点蔬菜、肉类做成三明治，使早餐的营养更丰富。

误区四

只吃一个水果——对于早餐来说完全无法维持一上午的供能。

解决方案 ● 比如只吃一个苹果，虽然也能吃饱，但是缺乏谷物和蛋白质，营养过于单一，提供的能量不足以满足一上午的需要。可以加一碗麦片粥或一个鸡蛋。

寻找早餐公式的答案

一份好的早餐，食物种类一定要多，营养要多样化，能缓慢释放能量，方便快捷。把精力和时间花在丰富早餐的食物种类和提高早餐的质量上，对自己的身体而言，是最划算的。

如何做到杂而有序，省时省力，迅速实现呢？从碳水化合物、蔬菜水果、优质蛋白质三个方面举例细说吧。

碳水化合物就是我们日常的主食，提高谷薯杂豆的比例，使主食更健康，更多样化。

- 做杂粮粥、杂粮饭最方便，有个能预约煮饭的电压力锅就行。所有的工作都在前一天晚上做好，早上就可以吃现成的。

- 一般的豆子要泡 6 小时以上才能变软，须提前算计好时间。其实豆子可以多泡一点，做熟后分成几份冷冻保存。

- 蒸红薯、蒸紫薯、蒸土豆、蒸玉米、蒸山药之类的"一锅蒸"非常适合当早餐。食材都在前一天洗干净，甚至蒸锅里的水都可以前一晚就加好，第二天只要将食材放进蒸锅开火蒸就好了。

- 馒头、发糕、窝头、面包之类的主食一般都要提前做好，早上是没这个时间的。或者至少做成半成品，早上只要经最后一步加工做熟就行。做这类早餐时要减少精白米面，增加粗粮的比例，面包尽量少油少糖。

- 摊制各种小饼的面糊也可以提前预拌好，放入冰箱冷藏保存，第二天直接使用。

选择较多的绿叶菜以及各种水果，多吃蔬菜水果是控制膳食能量
摄入的良好选择。

多吃点绿色蔬菜，尤其深绿色的叶菜是营养价值最高的品种。每天吃 300~500 克蔬菜是健康饮食的重要保证。

平常蔬菜的处理方法还是挺简单的，清炒或者水油煮一下都很好操作。最关键的是提前就要把菜洗干净，能前一天做的都不要留在第二天早上做。

做西式沙拉有一个好处就是生食的蔬菜比较多，能保留更多营养素，只是注意酱汁尽量选低脂的。

优质蛋白质指海产品、禽、肉、蛋、奶、大豆制品、坚果等，早餐要吃点蛋白质。

● 鸡蛋因为制作起来特别方便，所以是早餐的常客。最方便的做法就是用蒸蛋器蒸鸡蛋。鸡蛋真是可以做得花样百出，想怎么吃就怎么吃。需要注意的是，在煎蛋、炒蛋的时候控制油的使用量。

● 肉类食材须在前一天晚上提前处理好，该切的切，该腌制的腌制，该化冻的化冻，放入冰箱冷藏。尽量不要放到第二天早上再来处理肉类食材。

● 鱼类选去骨的鱼柳比较好，时间紧张的早餐时间，鱼柳吃起来安全又省事。

● 冰箱里常备点熟肉制品，如自己酱点牛肉，做点小肉肠，等等，这些马上就能吃的食材做起来最省时间。

● 坚果选择无油无盐的，一周吃 70 克就可以。如果早上来不及吃，也可以带着，饿的时候加餐吃。

轻松制作早餐的小能手

一份高效的早餐离不开充分的准备工作。所有这些工作都要在前一天晚上做好，小到葱姜蒜都切好放入冰箱冷藏备用。粥、饭提前设定好时间。汤提前不加盐煮好。每个菜可以提前做的部分全都提前做好。

● 比如早餐是杂粮稠粥 + 烫青菜 + 鸡蛋 + 牛奶

晚上/青菜洗净放入保鲜盒，放入冰箱冷藏。杂粮放入电压力锅预约。鸡蛋放入蒸蛋器预约。

早上/粥已做好，蛋已蒸好，只需要烫个青菜，牛奶用微波炉加热就可以。

● 善用厨房电器

电压力锅、电饭锅、豆浆机、微波炉、烤箱等厨房电器给我们提供了多种烹饪方式。这些机器无需人工照看就能完成大部分工作，还能同时进行，大大缩短了制作早餐的时间。在安排早餐时，不妨将工作平均分配给各个电器，让它们多多发挥作用。

● 储备充足，轻松做早餐

冰箱冷藏室应常备新鲜的绿叶菜、耐储存的根茎菜，以及水果、菌菇、鸡蛋、牛奶等。

冰箱的冷冻室里应有包子、饺子、馄饨、米饭、馒头；分成小份的肉类；蒸好的南瓜、红薯、山药、豆子等；切块的冷冻水果、冷冻蔬菜粒；自制高汤等。其实杂粮饭、馒头、面包之类的食材冷冻保存后的口感比冷藏更好。

储物柜里应有谷物、快熟燕麦片、杂粮挂面、意面、罐头豆子、纯番茄酱、坚果、无添加的果干等。

厨房减负好帮手

好用的厨房电器、便利的小工具是快捷时代的生存方式。

电饭锅☆☆☆☆☆

没有什么都可以，但是必须要有个电饭锅。现在的电饭锅基本上都有预约功能，这对于做早餐来说太有必要了。

电压力锅☆☆☆☆☆

清早起床，真吃不下硬质杂粮。电压力锅做的杂粮就软软糯糯的，好消化。炖的肉汤也清澈，正好说明汤里面的油脂相对较少，想要瘦身的人也可以放心享用。

复底不粘锅☆☆☆☆☆

不粘锅跟蛋白质是绝配。煎个蛋，炒个肉，没有它很难做到少油。最好一大一小两个尺寸都有，方便不同的食材使用。

电水壶☆☆☆

用电水壶烧水不用占用煤气灶，做菜的时候随时有热水可以用，早上需要用热水的地方还是挺多的。

手持搅拌器☆☆

它有两个功能比较好，一是可以直接放入锅中搅打食材，不用倒来倒去，避免麻烦；二是用搭配的杯子可以搅打比较少的食材。

料理机 ☆ ☆ ☆ ☆ ☆

如果你要喝果汁、蔬菜汁、奶昔、果昔、思慕雪、杂粮糊等，用料理机就能完成。

削皮器、擦丝器、切蒜器 ☆ ☆

尽可能买好用的。虽然没有这些小工具也不会影响你做早餐，但用习惯了以后，没有它们的日子简直不想做饭。现代人必须把下厨这件事变得简单而有趣才可以。

保鲜收纳盒 ☆ ☆ ☆

最好是成套的。保鲜盒的好处是容积合理、宽窄合适、摆放整齐，既能盛装新鲜食物，放入冰箱一目了然，又能用来将干货食材分类，延长保质期。

电饼铛、煎饼机 ☆ ☆

没有也行，有了更好。它能上下加热，缩短烹饪时间。对于争分夺秒的早晨来说，这一点尤为重要。

微波炉 ☆ ☆ ☆ ☆ ☆

使用的频率非常高，快捷、方便、好用。既能加热剩饭剩菜，又能独当一面进行烹饪。

第一章

能量满满
早餐

什锦鸡蛋羹——家常好滋味

🕐 烹饪时间：20分钟　　🍴 难易程度：简单

👍 **特　色**

　　鸡蛋羹对于早餐来说，是最家常的了。平滑如镜的鸡蛋羹，舀起一勺来，软嫩得一碰就能弹起来，再淋点生抽和香油就最适合不过了。

🥣 主　料

鸡蛋2个（约100克）、虾仁4个（约40克）、豌豆10克、胡萝卜10克、香菇10克

☕ 辅　料

盐1克、蒸鱼豉油1茶匙、香油1/2茶匙

🍶 搭配推荐

第二章"烫青菜"和第四章"紫薯菜饭"

⛰ 参考热量

食材	用量	热量
鸡蛋	100 克	144 千卡
虾仁	40 克	19 千卡
豌豆	10 克	11 千卡
胡萝卜	10 克	3 千卡
香菇	10 克	3 千卡
合计		180 千卡

—— 烹 饪 秘 籍 ——

1.选一个广口的陶瓷碗来蒸蛋羹能缩短蒸制时间，并且可以将这个碗固定为蒸蛋羹的碗。习惯了这个碗的水量和时间以后，再蒸蛋羹的时候基本就不会出错了。减少可变的因素，就能提高成功率。
2.第一步可以前一天晚上准备出来，密封在保鲜盒里放入冰箱冷藏保存。为了节约时间，也可以不过滤蛋液。

—— 营 养 贴 士 ——

一个小小的鸡蛋里面蕴藏着丰富的营养，是理想的营养库。蒸蛋羹更是少油的烹饪方式。

📝 做　法

1. 虾仁洗净去虾线。香菇洗净切片。胡萝卜洗净去皮切小粒。

2. 将虾仁、豌豆、胡萝卜、香菇放入开水中汆烫30秒钟，捞出控水备用。

3. 蒸锅中加入适量清水，放到炉子上开始加热烧水。

4. 鸡蛋磕入碗中打散，加入盐和200毫升清水搅拌均匀。

5. 蛋液经滤网过滤后倒入蒸碗中，过滤出的气泡和没有打散的蛋清不要。

6. 将虾仁、豌豆、胡萝卜、香菇放入蒸碗中。

7. 蒸锅中的水烧开后，在蒸碗上扣一个盘子，放入蒸锅蒸制。

8. 小火蒸10分钟，关火后再闷5分钟。

9. 取出鸡蛋羹，在表面淋上蒸鱼豉油、1汤匙白开水和香油即可。

👍 特 色

在西式早餐中拥有超高人气的欧姆蛋，丰富的配料完全可以由冰箱里的食材自由组合，任意搭配出各种各样的口味。创意无限，丰俭由人。

🍜 主 料

鸡蛋3个（约150克）、青椒20克、番茄20克、口蘑30克、培根15克

☕ 辅 料

黄油5克、海盐1/4茶匙、黑胡椒碎1/4茶匙、百里香适量

🍹 搭配推荐

第三章"牛奶燕麦水果粥"

⛰ 参考热量

食材	用量	热量
鸡蛋	150 克	216 千卡
青椒	20 克	4 千卡
番茄	20 克	3 千卡
口蘑	30 克	13 千卡
培根	15 克	27 千卡
黄油	5 克	44 千卡
合计		307 千卡

—— 烹饪秘籍 ——

蛋饼里面可以放各种喜欢的食材，如青菜、熟肉、香肠、蘑菇、洋葱、奶酪等。

—— 营养贴士 ——

鸡蛋打散以后比较容易吸油。用不粘锅来煎蛋饼可以适当减少油的使用量，并且同样能做出既好看又好吃的蛋饼。

📝 做 法

1. 青椒洗净去瓤去蒂切粒。番茄洗净去蒂切粒。口蘑洗净切片。

2. 培根切粒。鸡蛋磕入碗中打散。

3. 小号平底不粘锅里放入培根、口蘑煎香。

4. 加入黄油，加热熔化，放入青椒、番茄炒熟。

5. 向平底锅中均匀淋入蛋液，搅拌均匀，转小火。

6. 倾斜煎锅，挑起已经摊熟的蛋饼，使生蛋液流下去。

7. 小火摊至蛋饼基本凝固，将蛋饼三折后盛入盘中。

8. 在蛋饼表面撒上海盐、黑胡椒碎，点缀上百里香即可。

奶酪烘蛋——无限可能的组合

烹饪时间：30 分钟　　难易程度：简单

👍 特 色

烘蛋很好吃，没放油都能烤得很暄软。厚厚的烘蛋，营养丰富，做法简单，除了铸铁锅，用小烤模来做更省事。

🥢 主 料

鸡蛋3个（约150克）、菠菜叶40克、番茄50克、烟熏三文鱼50克、车达奶酪30克、牛奶150毫升

☕ 辅 料

黄油4克、盐1/4茶匙、黑胡椒碎1/2茶匙

—— 烹 饪 秘 籍 ——

烘蛋里面的食材可选择洋葱、蘑菇、芦笋、西蓝花、豌豆、土豆、胡萝卜、彩椒、玉米粒、鸡胸肉、培根、香肠等，以上食材更推荐先炒熟再放入蛋液中。

—— 营 养 贴 士 ——

鸡蛋、三文鱼、奶酪都是富含蛋白质的健康食材。小小一个烘蛋，控量食用更方便控制热量。

⛰ 参考热量

食材	用量	热量
鸡蛋	150 克	216 千卡
菠菜叶	40 克	11 千卡
番茄	50 克	8 千卡
烟熏三文鱼	50 克	125 千卡
车达奶酪	30 克	114 千卡
牛奶	150 毫升	81 千卡
黄油	4 克	36 千卡
合计		591 千卡

📝 做 法

1. 烤箱预热至200℃。玛芬烤模内壁涂抹黄油。

2. 菠菜叶洗净切碎。番茄洗净去蒂切粒。烟熏三文鱼撕碎。车达奶酪切粒。

3. 鸡蛋磕入大碗中打散，加入牛奶搅匀。

4. 将剩余的所有食材放入蛋液中拌匀。

5. 将混合好的蛋糊均分填入玛芬模具内。

6. 烤盘送入烤箱，烤20~25分钟至表面金黄蛋液凝固即可。

肉燥豆腐——热拌豆腐

🍲 烹饪时间：20分钟　　🥄 难易程度：简单

👍 特　色

热乎乎地用勺舀着吃，一半豆腐一半肉末，别提多下饭啦。美味营养还不单调.豆腐就是要借点肉味才好吃。

🥢 主　料

内酯豆腐1盒（约350克）、猪肉末50克、红彩椒20克、豌豆20克、玉米粒20克

☕ 辅　料

菜籽油1茶匙、生抽2茶匙、老抽1/4茶匙、蚝油1茶匙、糖1/2茶匙、玉米淀粉4克

🍶 搭配推荐

第三章"金黄小窝头"

⛰ 参考热量

食材	用量	热量
内酯豆腐	350 克	175 千卡
猪肉末	50 克	165 千卡
红彩椒	20 克	5 千卡
豌豆	20 克	22 千卡
玉米粒	20 克	18 千卡
玉米淀粉	4 克	14 千卡
合计		399 千卡

— 烹饪秘籍 —

豌豆、玉米粒可以用速冻食品。用清水浸泡一下化冻后就可以使用了。
炒肉末用的油量不要多，一点点就可以，肉末本身还能炒出部分油脂。

— 营养贴士 —

瘦身也要吃够满足人体基本需要的营养才行，蛋白质的量要保证，糖类、脂肪要控制。

✍ 做　法

1. 内酯豆腐控干水分，装盘备用。

2. 红彩椒洗净去瓤去蒂切成碎末。豌豆、玉米粒洗净控水。

3. 猪肉末放入小碗中，加入1茶匙生抽、玉米淀粉拌匀。

4. 炒锅烧热加入菜籽油，放入猪肉末炒散煸香，加老抽调色。

5. 加入红彩椒、豌豆、玉米粒翻炒均匀。

6. 加入剩余生抽、糖、蚝油调味，炒匀炒香后关火。

7. 将炒好的彩椒肉末淋在豆腐上即可。

虾仁豆腐锅——咕嘟咕嘟冒着热气

🕐 烹饪时间：20 分钟　　🥄 难易程度：简单

👍 **特　色**

遇到阴冷的天气时都想要做上一锅。虾仁豆腐在锅中咕嘟咕嘟冒着小泡，只加一点盐和一点酱油，全是食材本身的鲜味。

主　料

嫩豆腐150克、虾仁50克、番茄100克、小油菜50克

辅　料

菜籽油1茶匙、盐1/4茶匙、生抽1茶匙、小葱10克

搭配推荐

第三章"金黄小窝头"

参考热量

食材	用量	热量
嫩豆腐	150克	130千卡
虾仁	50克	24千卡
番茄	100克	15千卡
小油菜	50克	6千卡
合计		175千卡

烹 饪 秘 籍

第1步和第2步可以提前一晚做好，放入冰箱冷藏保存。小葱气味比较大，需要装入密封性比较好的保鲜盒里。

营 养 贴 士

豆腐是由大豆制成的，除了必需氨基酸，豆腐中还含有维生素、钙等营养物质，比大豆更容易被人体消化和吸收。

做　法

1. 番茄洗净去蒂切小块。小油菜洗净切小段。

2. 嫩豆腐切小块。虾仁洗净去虾线。小葱洗净切段。

3. 炒锅内加菜籽油烧热，下入葱段炝锅。

4. 放入虾仁炒至变色，再加番茄块炒出红油。

5. 加入盐、生抽、150毫升清水煮滚。

6. 将嫩豆腐块放入锅中，盖盖小火焖煮5分钟。

7. 放入小油菜拌匀，略煮1分钟即可出锅。

卤豆腐——可口的素卤豆腐

烹饪时间：30 分钟　　难易程度：简单

👍 特　色

经济实惠的大块北豆腐煎制一下，再加点调料炖卤。提前一天辛苦一点把豆腐卤好，第二日早上吃现成的。再点缀一团绿绿的葱丝，朴素的食材也精致起来了。

🥣 主　料

北豆腐250克

☕ 辅　料

菜籽油2汤匙、生抽1汤匙、老抽1茶匙、冰糖1茶匙、大料1克、小葱20克

🍹 搭配推荐

第三章"骨汤小米白菜粥"

⛰ 参考热量

食材	用量	热量
北豆腐	250克	290千卡
合计		290千卡

— 烹饪秘籍 —

如果不想在家煎豆腐，可以买现成的炸豆腐。卤制之前用热水洗一遍炸豆腐，能洗掉更多的油脂。

— 营养贴士 —

按照膳食指南的推荐每天应吃20~25克大豆，换算成豆腐，大约是60克北豆腐或150克内酯豆腐。

📝 做　法

1. 北豆腐切成1厘米厚的大片，用厨房纸吸干表面水分。

2. 平底不粘锅中加入菜籽油烧热，放入豆腐片中火煎至两面金黄。

3. 取出煎好的豆腐片，控油备用。

4. 将煎豆腐放入小锅中，放入生抽、老抽、冰糖、大料。

5. 加入500毫升热水，煮开后转小火炖20分钟。

6. 小葱洗净切成丝，泡在纯净水中。

7. 葱丝打卷后捞出控水，点缀在卤好的豆腐上。

凉拌黄瓜豆腐丝——豆香十足，清脆爽口

烹饪时间：15 分钟　　难易程度：简单

👍 特　色

买来成品豆腐丝，加青菜拌一拌，清爽可口，特别省事。简单有营养的快手菜，非常适合早上的快节奏。

🥢 主　料

豆腐丝80克、黄瓜100克、胡萝卜40克、香菜15克

☕ 辅　料

香油1茶匙、盐1/4茶匙、糖1/4茶匙、蒸鱼豉油1茶匙

🍳 搭配推荐

第三章"调味杂粮饭"

――――― 烹饪秘籍 ―――――

黄瓜容易出水，适合擦成比较粗的丝。胡萝卜口感硬，适合擦成细一点的丝。

――――― 营养贴士 ―――――

黄瓜中的钾、瓜氨酸能促进新陈代谢，排出体内多余盐分，消除身体水肿。

⛰ 参考热量

食材	用量	热量
豆腐丝	80 克	162 千卡
黄瓜	100 克	16 千卡
胡萝卜	40 克	13 千卡
香菜	15 克	5 千卡
合计		196 千卡

📝 做　法

1. 汤锅中加足量清水烧开，放入豆腐丝汆烫1分钟，捞出控水备用。

2. 黄瓜洗净擦成粗丝。胡萝卜洗净去皮擦细丝。香菜去根洗净切段。

3. 大沙拉碗中放入豆腐丝、黄瓜丝、胡萝卜丝、香菜段。

4. 加入香油、蒸鱼豉油、盐、糖拌匀即可装盘。

氽汤肉片——汤鲜肉滑

🕐 烹饪时间：20分钟　　🔪 难易程度：简单

👍 **特 色**

肉片加了淀粉氽到汤里，嫩滑得不得了。再放入蘑菇、青菜煮一煮，什么好吃的都比不上自己做的简单食物带来的幸福。

🍜 **主 料**

猪里脊60克、平菇100克、番茄50克、丝瓜50克、毛豆30克、干木耳3克

☕ **辅 料**

菜籽油1茶匙、盐1/2茶匙、白胡椒粉1/2茶匙、红薯淀粉4克、姜2克、蒜5克

🍵 **搭配推荐**

第三章"杂粮馒头"

食材	用量	热量
猪里脊	60克	93千卡
平菇	100克	17千卡
番茄	50克	8千卡
丝瓜	50克	10千卡
毛豆	30克	39千卡
干木耳	3克	8千卡
红薯淀粉	4克	4千卡
合计		179千卡

—— 烹饪秘籍 ——

猪里脊下入汤锅中时要一片一片地下锅，可以避免肉片粘成一坨。

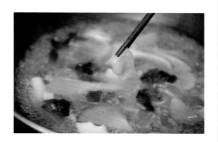

—— 营养贴士 ——

做汤菜的时候，什么菜都能放一点，轻轻松松就做到了饮食多样化。

做 法

1. 干木耳泡发洗净撕成小朵。平菇洗净撕成小块。

2. 丝瓜洗净去皮切块。番茄洗净去蒂切块。姜洗净切片。蒜去皮拍扁。

3. 猪里脊肉切片放入碗中，加入盐、白胡椒粉、红薯淀粉抓匀静置10分钟。

4. 炒锅中加入菜籽油烧热，放入姜、蒜爆香。

5. 加入平菇炒至水分收干。倒入500毫升开水煮沸。

6. 放入番茄、毛豆、木耳中火煮5分钟。

7. 放入猪里脊片、丝瓜煮至肉片全熟即可出锅。

梅干菜排骨粥——不一般的鲜美

烹饪时间：20 分钟　　难易程度：简单

👍 特 色

一点点梅干菜就特别提味，所有食材放到电饭锅里，选择煮粥程序就可以了。这道粥特别有南方特色。

🥣 主 料

大米100克、排骨150克、梅干菜30克

🍵 辅 料

姜5克、小葱3克、盐1/2茶匙

⛰ 参考热量

食材	用量	热量
大米	100 克	346 千卡
排骨	150 克	417 千卡
梅干菜	30 克	22 千卡
合计		785 千卡

—— 烹饪秘籍 ——

电饭锅煮的粥不如在炉火上煮的浓稠，水一般会少放一点。

—— 营养贴士 ——

排骨好吃是因为脂肪含量更高，所以选购排骨的时候尽量买比较瘦的，以减少脂肪的摄入。

📝 做 法

1. 梅干菜洗净，用清水泡10分钟，沥干水分备用。

2. 大米洗净，用清水浸泡10分钟，沥干水分备用。

3. 姜洗净切片，小葱洗净切末。

4. 汤锅中加入足量清水，放入排骨，煮出血沫。

5. 捞出排骨，用温水洗净表面血沫。

6. 将大米、排骨、梅干菜、姜片放入电饭锅。

7. 加入800毫升清水，选择煮粥程序。

8. 粥煮好以后加盐、小葱末拌匀即可。

菜肉馄饨——个个饱满，热气腾腾

⏱ 烹饪时间：30 分钟　　🔪 难易程度：简单

👍 **特　色**

炖好的清鸡汤，下几个菜肉大馄饨，加点青菜叶和鸡蛋，这绝对是能量早餐了。大馄饨一定要裹得圆圆的，皮薄馅大，吃起来才过瘾。

🍜 **主　料**

馄饨皮250克、猪肉馅200克、小油菜400克、鸡毛菜50克、鸡蛋1个（约50克）、清鸡汤400毫升

🍵 **辅　料**

小葱10克、姜5克、生抽1汤匙、盐1茶匙、糖1/2茶匙、胡椒粉1/2茶匙、香油15毫升

食材	用量	热量
馄饨皮	250 克	741 千卡
猪肉馅	200 克	482 千卡
小油菜	400 克	48 千卡
鸡毛菜	50 克	10 千卡
鸡蛋	50 克	72 千卡
香油	15 毫升	135 千卡
清鸡汤	400 毫升	24 千卡
合计		1512 千卡

烹饪秘籍

馄饨包法一：馄饨皮四周点上少许清水，将2小勺肉馅放在馄饨皮1/3处，折两折，再将两边折向中间，在重叠处沾少许清水捏紧。

馄饨包法二：馄饨皮四周点上少许清水，将2小勺肉馅放在馄饨皮1/2处，将皮对折粘好，粘住的部分折回来。再将两边折向中间，在重叠处沾少许清水捏紧。

营养贴士

馄饨里面肉的含量不多，可以再加一个鸡蛋补充蛋白质。

做 法

1. 小油菜洗净放入开水中汆烫20秒钟，捞出过一遍冷水。

2. 将小油菜切成末，放入纱布中挤去多余的水分。

3. 小葱洗净切段，姜洗净切片，放入石臼中，加100毫升清水捣碎。过滤出葱姜水备用。

4. 猪肉馅中加入盐搅拌至上劲起胶。分次加入葱姜水搅拌至水分被完全吸收。

5. 在肉馅中加入生抽、糖、胡椒粉、香油拌匀，加入小油菜拌匀成馅。

6. 在馄饨皮上放适量馄饨馅，包成大馄饨。一个个排好放入保鲜盒，密封冷冻保存。

7. 吃的时候，在汤锅中倒入清鸡汤煮沸备用。

8. 另起一个汤锅加适量清水烧开，转小火，放入6个大馄饨煮至半熟。

9. 轻轻磕入鸡蛋继续煮至全熟。加入鸡毛菜煮30秒钟。

10. 碗中盛入煮好的馄饨、鸡蛋、鸡毛菜，淋入清鸡汤即可。

羊肉粉丝汤——肉烂而不膻，汤香而不腻

烹饪时间：2 小时　　难易程度：简单

👍 特 色

这算是正宗的水盆羊肉了，汤清味浓，最适合冬天热热地来一碗，配个饼，吃得浑身暖暖的。真是吃不够的美味。

🥣 主 料

羊腿肉500克、羊棒骨500克、粉丝80克、青蒜10克

🫕 辅 料

大葱20克、姜10克、花椒2克、小茴香2克、草果1个、桂皮2克、盐1/2茶匙、白胡椒粉1/4茶匙、油泼辣子1茶匙

🫙 搭配推荐

第二章"烫青菜"和第三章"杂粮馒头"

⛰ 参考热量

食材	用量	热量
羊腿肉	500 克	550 千卡
羊棒骨	500 克	478 千卡
粉丝	40 克	135 千卡
青蒜	10 克	3 千卡
合计		1166 千卡

—— 烹 饪 秘 籍 ——

若没有羊棒骨也可以不放。冷藏过的熟羊肉不容易切散。

—— 营 养 贴 士 ——

水盆羊肉一般都配个饼吃，如果是配的杂粮饼，会更健康一些。

📝 做 法

1. 大葱洗净切段。姜洗净切片。羊腿肉、羊棒骨洗净，用清水浸泡30分钟。

2. 汤锅中加足量清水，放入羊棒骨大火烧开，煮10分钟。捞出羊棒骨，用温水洗净表面血沫。

3. 汤锅中重新加清水烧开，放入羊棒骨、大葱、姜、花椒、小茴香、草果、桂皮中小火炖1小时。

4. 接着放入羊腿肉继续小火炖1小时，其间将浮沫撇去。

5. 羊腿肉捞出晾凉，密封放入冰箱冷藏。羊肉汤过滤，密封放入冰箱冷藏。

6. 吃得时候，将青蒜洗净切末，粉丝用温水泡软，羊腿肉切成薄片。

7. 小锅中加适量羊肉汤煮开，加入盐、粉丝煮至粉丝变透明。

8. 碗中盛入粉丝、羊肉汤，加白胡椒粉、羊腿肉、青蒜、油泼辣子即可。

半肉半菜肉夹馍——自己做的就是香

🕐 烹饪时间：2 小时　　🔪 难易程度：适中

👍 **特 色**

前一天炖的肉，配上青椒和香菜，用加了南瓜泥
的荷叶饼夹着吃。再来一碗汤，完美。

🍜 **主 料**

猪五花肉500克、尖椒100克、香菜50克、
南瓜泥110克、面粉200克、酵母粉2克

☕ **辅 料**

色拉油1茶匙（约5克）、花椒3克、大料1克、
桂皮1克、草果1个、红枣2颗、生抽3汤匙、
老抽1汤匙、豆腐乳1块、冰糖1茶匙、小葱20
克、姜10克

🥤 **搭配推荐**

第二章"烫青菜"和第三章"杂粮馒头"

⛰ **参考热量**

食材	用量	热量
南瓜泥	110 克	25 千卡
面粉	200 克	724 千卡
猪五花肉	500 克	1196 千卡
尖椒	100 克	22 千卡
香菜	50 克	17 千卡
合计		1984 千卡

—— 烹 饪 秘 籍 ——

炖肉用的香料可以购买现成的炖肉料包。

—— 营 养 贴 士 ——

五花肉选瘦一点的，脂肪含量相对少一
些。做肉夹馍的时候可以适当增加蔬菜
的比例。

📝 南瓜夹饼做法

1. 南瓜洗净去瓤切块，放入蒸锅蒸熟。取出晾至常温。压成泥，量出110克南瓜泥。

2. 在南瓜泥中加入酵母粉、30毫升清水、面粉拌匀，揉成光滑的面团。

3. 将面团放入盆中，覆盖保鲜膜室温发酵至两倍大。

4. 取出面团排气揉10分钟，擀成0.5厘米厚的面片。

5. 用圆形杯子压出圆面片，将每个面片擀成椭圆形。

6. 在面片表面刷一层色拉油，长边对折，用锯齿工具在表面压出纹路，做成荷叶饼状。

7. 每个荷叶饼底部垫烘焙纸，放入蒸笼中，静置发酵20分钟。盖盖大火烧开蒸锅中的水，转中火蒸12分钟即可。

📝 炖肉做法

1. 小葱洗净打结。姜洗净切片。红枣洗净备用。猪五花肉切大块。

2. 五花肉放入冷水锅中，加入花椒，大火烧开转中火煮出血水。

3. 捞出肉块，用温水洗净表面血沫，放入炖锅中。

4. 炖锅中加入剩余所有辅料，倒入没过肉的开水。大火烧开，转小火炖煮1.5小时即可。

📝 第二天早上

1. 原锅将五花肉和汤汁再次烧开。荷叶饼放入蒸锅加热。

2. 尖椒去子去蒂切末。香菜切末。取出适量五花肉切碎。

3. 将五花肉碎、尖椒末、香菜末放入大碗中，淋少许炖肉汤汁拌匀。

4. 取出荷叶饼打开，将拌好的肉末夹在饼中即可。

韩式海鲜煎饼——焦脆鲜美

🕐 烹饪时间：20分钟　　🔪 难易程度：简单

👍 **特　色**

特色海鲜煎饼，端上来就被一扫而光，大人小孩都喜欢吃。准备好虾仁、鱿鱼、蔬菜就行，超级简单，超级美味。

🍜 主　料

虾仁80克、鱿鱼80克、中筋面粉100克、玉米淀粉40克、鸡蛋1/2个（约25克）

🥛 辅　料

菜籽油2茶匙、小葱15克、洋葱30克、青椒30克、红彩椒30克、盐1/2茶匙、白胡椒粉1/4茶匙

🍶 搭配推荐

第三章"紫米紫薯玫瑰粥"

📝 做　法

⛰ 参考热量

食材	用量	热量
中筋面粉	100 克	333 千卡
玉米淀粉	40 克	138 千卡
虾仁	80 克	38 千卡
鱿鱼	80 克	67 千卡
鸡蛋	25 克	36 千卡
小葱	15 克	4 千卡
洋葱	30 克	12 千卡
青椒	30 克	7 千卡
红彩椒	30 克	8 千卡
合计		643 千卡

—— 烹 饪 秘 籍 ——

如果能买到韩式煎饼粉，使用现成的煎饼粉制作更方便，几乎不用调味。

—— 营 养 贴 士 ——

煎饼想要做得健康，可以加入粗粮、蔬菜、含蛋白质食材。这样就能在一种主食里面获得多种营养。

1. 将中筋面粉、玉米淀粉、盐、白胡椒粉放入大碗中拌匀。

2. 加入鸡蛋、240毫升清水搅拌成没有颗粒的稀面糊。

3. 青椒洗净去瓤切丝。红彩椒洗净去瓤切丝。洋葱洗净切丝。

4. 虾仁洗净切丁。鱿鱼洗净切圈。小葱洗净切段。

5. 平底不粘锅中加入1茶匙菜籽油烧热，放入小葱、洋葱炒香。

6. 加入虾仁、鱿鱼、青椒、红彩椒炒至海鲜变色。盛出一半食材备用。

7. 将锅中剩余食材用铲子铺平，倒入适量面糊铺满锅底。

8. 大火煎2分钟至底部金黄。小心翻面，继续煎至两面金黄即可出锅。

9. 按同样的步骤将另一半食材也煎成海鲜饼即可。

温泉蛋吐司——焦脆与浓稠的组合

⏱ 烹饪时间：15 分钟　　🍴 难易程度：简单

👍 特　色

用焦脆的吐司条蘸着黏稠欲滴的蛋黄吃，奶香浓郁。学会了做温泉蛋，用来拌饭、拌面也特别好吃。

🍲 主　料

可生食鸡蛋1个（约50克）、牛油果1/2个（约60克）、全麦吐司1片（约40克）

☕ 辅　料

黄油（软化）4克、生抽1茶匙、白胡椒粉1克、七味粉1/2茶匙

🫙 搭配推荐

第二章"鸡汤菌菇嫩豌豆"

🍙 参考热量

食材	用量	热量
鸡蛋	50克	72千卡
牛油果	60克	103千卡
全麦吐司	40克	98千卡
黄油	4克	36千卡
合计		309千卡

—— 烹 饪 秘 籍 ——

从冰箱里面取出来的鸡蛋，要用清水冲洗一会儿，回温以后再放入热水锅中浸泡。泡好的鸡蛋有点烫手，可以用冷水冲一冲。

—— 营 养 贴 士 ——

制作温泉蛋一定要购买可生食鸡蛋，就是已经经过杀菌的鸡蛋，避免沙门菌的感染。

📝 做　法

1. 汤锅内加入1升清水煮至沸腾，离火。向锅中加入200毫升清水。

2. 轻轻地将鸡蛋放入锅中，盖盖焖10分钟，制成温泉蛋。

3. 全麦吐司表面抹黄油，放入平底锅中煎至两面焦脆。

4. 取出全麦吐司对角斜切成块。

5. 牛油果去皮去核取肉，将牛油果肉压碎，放入盘中，铺成中间凹陷的形状。

6. 取出温泉蛋，小心地磕入牛油果泥中间。

7. 表面淋生抽，撒白胡椒粉、七味粉，搭配吐司食用。

溏心蛋乡村欧包
——简单清爽的开放式三明治

🕐 烹饪时间：20 分钟　　🔪 难易程度：简单

👍 特 色

煮到口感刚刚好的鸡蛋黄，像宝石一样美丽，勾人食欲。酥脆的欧包，嫩绿的果蔬，只需一点好的油醋，一切就都恰到好处了。

🍜 主 料

欧包1片（约50克）、鸡蛋1个（约50克）、牛油果1/2个（约60克）、芝麻菜15克

☕ 辅 料

橄榄油1汤匙、意大利黑醋1茶匙、黑胡椒碎1/4茶匙

🫙 搭配推荐

第二章"羽衣甘蓝甜瓜思慕雪"

⛰ 参考热量

食材	用量	热量
欧包	50克	160千卡
鸡蛋	50克	72千卡
牛油果	60克	103千卡
芝麻菜	15克	4千卡
合计		339千卡

——— 烹 饪 秘 籍 ———

从冰箱里面拿出来的鸡蛋，若马上放入开水中，则容易爆裂。尽量提前从冰箱里取出鸡蛋，放至接近室温再煮。或者用针在鸡蛋大头扎一个小洞，也能防止爆裂。

——— 营 养 贴 士 ———

这是一个谷物、蛋白质、蔬菜都包含其中的三明治。可以再搭配一杯果蔬汁。

📝 做 法

1. 汤锅中加足量清水烧开，轻轻地放入鸡蛋，中大火煮6分钟。

2. 捞出鸡蛋立即放入冰水中降温。将鸡蛋剥壳，切成小块。

3. 牛油果去皮去核，切成小块。芝麻菜洗净控干水分。

4. 欧包片表面淋少许橄榄油，放入平底锅中煎至焦脆。

5. 在欧包片上放上牛油果块、芝麻菜，表面淋橄榄油、意大利黑醋。

6. 放上切块的鸡蛋，撒上黑胡椒碎即可。

特 色

可颂配黑咖啡是很多人的早餐之选。不如将可颂做成三明治，增加营养，味道也是棒棒的。

主 料

可颂面包1个（约50克）、北极甜虾50克、生菜叶30克、番茄30克、车达奶酪片20克

搭配推荐

第三章"调味杂粮饭"

参考热量

食材	用量	热量
可颂面包	50克	228千卡
北极甜虾	50克	23千卡
生菜叶	30克	4千卡
番茄	30克	5千卡
车达奶酪片	20克	76千卡
合计		336千卡

—— 烹 饪 秘 籍 ——

可颂加热后比较酥脆。如果要夹食材，可以先切开再加热，这样就不会在切的时候掉渣了。

—— 营 养 贴 士 ——

虾肉高蛋白，低脂肪，几乎不含糖类，因此有利于控制体重。

做 法

1. 烤箱预热至180℃。可颂面包对半切开，但不切断，放入烤箱烤3分钟。

2. 小汤锅中加清水烧开，放入北极甜虾汆烫10秒钟，捞出去壳。

3. 生菜叶洗净擦干水分。番茄洗净去蒂切片。

4. 取出可颂，夹入生菜叶、北极甜虾、番茄、车达奶酪片即可。

牛排帕尼尼——新鲜焦脆，能量十足

⏱ 烹饪时间：20 分钟　　🍴 难易程度：简单

👍 特　色

加了牛排、芦笋、口蘑、奶酪，食材可谓足够丰富了，用帕尼尼机煎得热乎乎的，新鲜焦脆。有多汁的牛排，流心的蛋黄，美味的蔬菜，每一口都是极大的满足。

🥘 主　料

帕尼尼面包1个（约100克）、鸡蛋1个（约50克）、牛排80克、洋葱30克、口蘑30克、芦笋30克、番茄20克、奶酪片1片（约20克）

☕ 辅　料

橄榄油2茶匙、海盐1/4茶匙、黑胡椒碎1/4茶匙

🫖 搭配推荐

第三章"牛奶燕麦水果粥"

参考热量

食材	用量	热量
帕尼尼面包	100 克	222 千卡
鸡蛋	50 克	72 千卡
牛排	80 克	92 千卡
洋葱	30 克	12 千卡
口蘑	30 克	13 千卡
芦笋	30 克	7 千卡
番茄	20 克	3 千卡
奶酪片	20 克	48 千卡
合计		469 千卡

———— 烹 饪 秘 籍 ————

没有帕尼尼机也没关系，将帕尼尼放入带纹煎盘，上面压一个比较重的锅，边压边煎制就可以了。

———— 营 养 贴 士 ————

一份帕尼尼里面谷物、肉类、蔬菜都有，对于早餐来说既方便又营养。

做 法

1. 洋葱洗净切丝。口蘑洗净切片。芦笋洗净切长段。番茄洗净切片。

2. 帕尼尼面包横向对半切开。

3. 牛排表面均匀撒上海盐、黑胡椒碎，淋1茶匙橄榄油。

4. 平底不粘锅中加入剩下的橄榄油烧热，磕入鸡蛋单面煎至凝固，盛出备用。

5. 原锅中放入牛排，中大火煎至喜欢的熟度，盛出切片备用。

6. 原锅中放入洋葱、口蘑煎至出水变软，加入芦笋炒至变色。

7. 取一片帕尼尼面包，依次放上煎蛋、炒好的蔬菜、番茄、牛排、奶酪片。

8. 盖上另一片帕尼尼面包，放入帕尼尼机中，加热至两面焦黄即可。

无花果三文鱼沙拉——减脂沙拉

烹饪时间：15分钟　　难易程度：简单

👍 **特　色**

喜欢无花果的甜蜜芳香，好吃又好看。如果是无花果成熟的季节，可以用来做沙拉。如果没有，换成其他水果和沙拉菜也是一样的。

🍜 **主　料**

三文鱼150克、无花果2个（约60克）、樱桃20克、生菜叶40克、紫叶生菜40克

☕ **辅　料**

橄榄油2茶匙、海盐1/4茶匙、黑胡椒碎1/2茶匙、柠檬汁1茶匙、生抽1茶匙、意大利黑醋1茶匙

🧃 **搭配推荐**

第三章"夹馅华夫饼"

⛰ **参考热量**

食材	用量	热量
三文鱼	150克	209千卡
无花果	60克	39千卡
樱桃	20克	9千卡
生菜叶	40克	5千卡
紫叶生菜	40克	5千卡
合计		267千卡

—— 烹饪秘籍 ——

平底锅内放入三文鱼后，为了保持鱼皮完整，不需要移动三文鱼，也不需要晃动煎锅。煎到焦脆再翻面就可以了。

—— 营养贴士 ——

三文鱼中含有 ω-3脂肪酸，这部分营养素是肉蛋奶中所没有的。

📝 **做　法**

1. 无花果洗净切4瓣。樱桃洗净。生菜叶、紫叶生菜洗净撕小块。

2. 平盘中加入1茶匙橄榄油、海盐、黑胡椒碎、柠檬汁、生抽拌匀成腌汁。

3. 将三文鱼放入盘中，两面蘸取腌汁，静置腌制10分钟。

4. 平底不粘锅烧热，放入三文鱼煎至两面金黄，盛出备用。

5. 盛器内放入生菜叶、紫叶生菜，表面淋上剩余的橄榄油、意大利黑醋。

6. 放上煎好的三文鱼、无花果、樱桃即可。

番茄牛腩面——浓香好味

🕐 烹饪时间：3 小时　　🔖 难易程度：简单

👍 **特　色**

提前一天买好牛腩，焖一锅香喷喷的红烧牛腩，若能吃辣，再放点辣椒。第二天早上牛肉面就是现成的。

🍚 **主　料**

牛腩500克、番茄150克、香菇2朵、小油菜50克、面条100克

☕ **辅　料**

菜籽油2茶匙、香油15毫升、番茄酱1茶匙、葱10克、姜5克、生抽2汤匙、老抽1茶匙、盐1茶匙、红糖1茶匙、黄酒1汤匙、花椒1克、大料1克、干辣椒3克、香菜5克

食材	用量	热量
牛腩	500 克	1660 千卡
番茄	150 克	23 千卡
香菇	30 克	8 千卡
小油菜	50 克	6 千卡
面条	100 克	283 千卡
香油	15 毫升	135 千卡
合计		2115 千卡

做 法

—— 烹饪秘籍 ——

浸泡牛腩的时候，其间多换几次清水，能将血水去除得更干净些。步骤1至步骤6可以提前一晚完成。

—— 营养贴士 ——

吃100克熟牛肉就能摄入20克蛋白质。做好的炖牛肉对于早餐来说，是非常方便的蛋白质来源。

1. 大葱洗净切段。姜洗净切片。牛腩切块，放入清水中浸泡1小时。

2. 锅中放入牛腩、大葱、姜、生抽、老抽、盐、红糖、黄酒、花椒、大料。

3. 向锅中淋入香油，抓揉牛腩10分钟，揉至入味。

4. 锅中加入没过牛腩的清水，放入干辣椒大火煮开，小火炖煮2小时。

5. 番茄洗净、顶部切十字小口。香菜洗净切末。小油菜洗净。香菇洗净，表面切十字花刀。

6. 将番茄放入开水中氽烫30秒钟，去皮，切成小块。

7. 炒锅中加菜籽油烧热，放入番茄酱炒出红油，加番茄块炒出番茄汁。

8. 加入炖牛腩的汤汁及适量牛腩，中火炖5分钟。

9. 另起一个汤锅加足量清水烧开，放入面条、香菇煮熟。起锅前放入小油菜氽烫30秒钟。

10. 面碗中捞入煮熟的面条，盛入番茄牛腩及汤，摆上香菇、小油菜，撒上香菜末即可。

海鲜面——不能拒绝的鲜美

🕐 烹饪时间：20 分钟　　🍴 难易程度：简单

👍 **特　色**

　　鲜虾、干贝、胡萝卜、芦笋、香菇凑齐了做一碗面，营养超级丰富，味道鲜美得令人无法拒绝。

🥣 主 料

乌冬面100克、大虾3只（约60克）、香菇2
朵（约30克）、胡萝卜30克、西葫芦30克、
芦笋30克、青蒜10克

🍵 辅 料

菜籽油2茶匙、盐1/2茶匙、干贝10克

⛰ 参考热量

食材	用量	热量
乌冬面	100克	126千卡
大虾	60克	56千卡
香菇	30克	8千卡
胡萝卜	30克	10千卡
西葫芦	30克	6千卡
芦笋	30克	7千卡
青蒜	10克	3千卡
干贝	10克	18千卡
合计		234千卡

— 烹 饪 秘 籍 —

想要炒出特别漂亮的红色，需要在
炒虾的时候，用铲子不断按压虾
头，这样就能炒出更多的红油了。
这次的食材种类比较多，尽量提前
一晚洗净，放入冰箱冷藏保存。

— 营 养 贴 士 —

营养均衡，膳食多样，让整个人精
力充沛，活力增强。

📝 做 法

1. 大虾洗净挑去虾线。
干贝放入温水中泡
软。香菇洗净切片。
胡萝卜洗净切片。

2. 西葫芦洗净切片。芦
笋洗净切小段。青蒜
洗净切末。

3. 炒锅中加菜籽油烧
热，放入大虾炒出
红油。

4. 加入香菇片、胡萝卜
片炒出香味。

5. 倒入适量清水、干贝
以及泡干贝的水烧
开，中火煮2分钟，
依次加入西葫芦、芦
笋煮熟，加盐调味。

6. 另起一个汤锅加水
烧开，放入乌冬面
煮熟。

7. 将乌冬面盛入碗中，
加入海鲜蔬菜及汤
汁，表面撒上青蒜末
即可。

蔬菜蛋奶派——好吃、饱腹、方便、易做

🕐 烹饪时间：60 分钟   🔪 难易程度：简单

👍 **特　色**

蛋奶汁里面放点蔬菜和肉，放到派皮里面烤熟。早上吃的时候切一块，加热就可以。这个也可以多做些，储存起来非常方便。

🍚 **主　料**

低筋面粉210克、黄油140克、冰水65~70毫升、洋葱30克、口蘑50克、菠菜100克、圣女果60克、车达奶酪50克、鸡蛋2个（约100克）、淡奶油180克

🍵 **辅　料**

橄榄油1茶匙、海盐1/4茶匙、黑胡椒碎1/4茶匙、盐1/4茶匙

烹饪秘籍

若没有重石，也可以用豆子代替重石放入派皮里，作用就是防止派皮鼓起。

营养贴士

蛋白质多、纤维多的食物能提高饱腹感。只要多运动就能消耗掉摄入的脂肪。

🏔 参考热量

食材	用量	热量
低筋面粉	210 克	672 千卡
黄油	140 克	1243 千卡
洋葱	30 克	12 千卡
口蘑	50 克	22 千卡
菠菜叶	100 克	28 千卡
圣女果	60 克	15 千卡
车达奶酪	50 克	190 千卡
鸡蛋	100 克	144 千卡
淡奶油	180 克	630 千卡
合计		2956 千卡

注：1/8 块蔬菜蛋奶派的热量约为 370 千卡

📝 做 法

1. 黄油室温软化，切成小粒。

2. 盆中放入低筋面粉、盐、黄油粒，用双手搓成细沙状。

3. 分次加入冰水，用刮刀粗略拌成面团。

4. 用保鲜膜包裹住面团，放入冰箱冷藏15分钟。

5. 操作台上铺上烘焙纸，放上面团，再覆盖一张烘焙纸，把面团擀成0.5厘米厚的派皮。

6. 将派皮放入8寸（直径20厘米）派模，整理成型，底部用叉子扎洞。垫上烘焙纸，放入重石。

7. 将派皮放入预热至180℃的烤箱，烤15分钟。

8. 洋葱洗净切丝。口蘑洗净切片。菠菜叶洗净切段。圣女果对半切开。

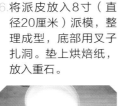

9. 平底不粘锅中加橄榄油烧热，放入洋葱、口蘑炒至焦黄，再加菠菜叶炒软。

10. 大碗中加入鸡蛋、淡奶油、海盐、黑胡椒碎拌匀成蛋奶液。

11. 取出烤箱中的派皮，放入炒好的馅料、切碎的车达奶酪、圣女果，淋入蛋奶液。

12. 将派坯放回烤箱，180℃烤35分钟即可。

香煎小肉饼——超级百搭

烹饪时间：20 分钟　　难易程度：简单

特　色

没有复杂的食材，制作简单方便，可以多做一些储存在冰箱里。好吃又低热量的鸡胸肉饼，日常可以搭配蔬菜沙拉、杂粮主食、汤菜等。

主　料

鸡胸肉300克、老豆腐50克、面包屑50克、鸡蛋1个（约50克）

辅　料

橄榄油2茶匙、盐1/2茶匙、黑胡椒碎1/2茶匙、孜然粉1茶匙

搭配推荐

第三章"小米鹰嘴豆黄瓜沙拉"

———— 烹 饪 秘 籍 ————

用不粘锅煎鸡肉饼，只要很少一点油就可以煎出漂亮的焦黄色。

———— 营 养 贴 士 ————

既要摄入足够的蛋白质，又不用摄入过多的脂肪，鸡胸肉是个不错的选择。

参考热量

食材	用量	热量
鸡胸肉	300克	399千卡
北豆腐	50克	58千卡
面包屑	50克	178千卡
鸡蛋	50克	72千卡
合计		707千卡

做　法

1. 鸡胸肉切成小块。将鸡胸肉块、老豆腐放入料理机搅打成鸡肉泥。

2. 取出鸡肉泥，加入除橄榄油以外的所有食材，搅拌均匀。

3. 手上蘸少许水，将鸡肉泥整理成小饼的形状。

4. 平底不粘锅内加入橄榄油烧热，放入鸡肉饼中小火一面煎至焦黄。

5. 将鸡肉饼翻面，盖盖小火煎至熟透即可出锅。

👍 特　色

酱一块牛肉可以吃好几顿，早上只要切几片就够补充蛋白质了。非常方便，属于可以储备的食物。

🥢 主　料

牛腱子肉1000克

☕ 辅　料

盐10克、花椒4克、大料2克、桂皮2克、香叶1克、草果2克、陈皮4克、干辣椒3克、生抽2汤匙、老抽1汤匙、冰糖10克、酱豆腐15克、甜面酱100克 、大葱30克、姜20克

⛰ 参考热量

食材	用量	热量
牛腱子肉	1000 克	2050 千卡
合计		2050 千卡

📝 做　法

1. 牛腱子肉加盐、花椒揉搓均匀，密封后放入冰箱腌制12小时。

2. 大葱洗净切段，姜洗净切片，汤锅加适量清水煮至温热。

3. 将牛腱子肉放入汤锅，中小火煮至水浑浊，捞出牛腱子肉。

4. 另起一个炖锅，放入飞过水的牛腱子肉，倒入没过牛腱子肉的热水。

5. 中火烧开，撇去浮沫后放入剩余所有辅料，微火炖煮2小时。

6. 炖好以后关火，不开盖，静置浸泡一夜即可。

罗勒鸡肉肠——齿颊留香

⏱ 烹饪时间：20分钟　　🥄 难易程度：简单

特 色

早餐吃香肠还是极为方便省时的。制作起来也很简单，没有模具、没有肠衣也可以，是特别好做的香肠。自己动手做安全无添加，还可以控盐。

🥣 主 料

鸡腿肉500克、罗勒叶50克

🍵 辅 料

橄榄油1汤匙、姜5克、蒜5克、蛋清1个（约30克）、玉米淀粉8克、海盐1茶匙、黑胡椒碎2茶匙、白胡椒粉1茶匙

🫖 搭配推荐

第三章"小米鹰嘴豆黄瓜沙拉"

—— 烹 饪 秘 籍 ——

制作香肠时可以用香肠衣，也可以用硅胶香肠模具，还可以放入抹油的容器内或使用烘焙纸、锡纸。总之看手边有什么材料灵活使用即可。

—— 营 养 贴 士 ——

市售的香肠含盐量比较多，如果是自己动手做，味道更清淡。

🏔 参考热量

食材	用量	热量
鸡腿肉	500 克	595 千卡
罗勒叶	50 克	13 千卡
蛋清	30 克	18 千卡
玉米淀粉	8 克	28 千卡
合计		654 千卡

📝 做 法

1. 鸡腿肉洗净去皮。姜洗净擦成姜泥。蒜去皮压成蒜泥。罗勒叶洗净控水。

2. 将鸡腿肉放入搅拌机打成肉泥。放入所有辅料及罗勒叶搅打均匀。

3. 取出鸡肉泥放入盆中，反复摔打至起胶，放入冰箱冷藏1小时再使用。

4. 烘焙纸裁成长方形，放上1大勺鸡肉泥。整理成香肠的形状卷起，两头扭紧。

5. 蒸锅加水烧开后，放入香肠中火蒸20分钟即可。

海鲜手工丸子——每一颗都是鲜的能量

难易程度：简单

👍 **特　色**

自给自足，安全放心的丸子。鱼丸的便利之处就是直接吃、煮汤、配菜都很方便。一次多做点，冻在冰箱里随吃随取。

🍲 **主　料**

青鱼1000克

☕ **辅　料**

小葱10克、姜10克、料酒1茶匙、盐1茶匙、白胡椒粉1茶匙、蛋清2个（约60克）、玉米淀粉4克

参考热量

食材	用量	热量
青鱼	1000 克	1180 千卡
蛋清	60 克	36 千卡
玉米淀粉	4 克	14 千卡
合计		1230 千卡

烹饪秘籍

自己去皮去骨取鱼柳挺麻烦的，可以买现成的新鲜鱼柳，做鱼丸更轻松。虾丸、墨鱼丸都可以依照这个方法制作。

营养贴士

鱼肉富含优质蛋白质，是平衡膳食的重要组成部分，并且鱼类的脂肪含量相对较低。

做 法

1. 准备一盆凉白开，放入冰箱冷藏备用。

2. 小葱洗净切段，姜洗净切片，放入碗中加50毫升清水揉搓几下，过滤出葱姜水。

3. 青鱼去头去尾，去皮去骨，剔除鱼刺，将鱼肉切成小块。

4. 将鱼肉块放入搅拌机中，加入料酒、葱姜水搅打成细腻的鱼泥。

5. 加入盐、白胡椒粉、蛋清搅打上劲。再加入玉米淀粉搅拌均匀。

6. 取出鱼泥放入容器中，覆盖保鲜膜，放入冰箱冷藏1小时。

7. 汤锅中加足量清水，烧开后关火。将鱼泥挤成丸子的形状，用勺子下入水中。

8. 所有丸子做好以后，开小火煮5分钟，煮至丸子全部浮起。

9. 将鱼丸放入凉白开中激一下，捞出鱼丸控干水分即可。

第二章

高维多纤
早餐

👍 **特 色**

梅干菜的滋味特别有感染力，夹入馒头中或配米饭都很不错。早上也不全是清淡的，有时也要来点惊喜，以浓郁的香味唤醒味蕾。

🥣 **主 料**

四季豆200克、梅干菜30克

☕ **辅 料**

橄榄油2茶匙、生抽1汤匙、糖1茶匙

⛰ **参考热量**

食材	用量	热量
四季豆	200 克	62 千卡
梅干菜	30 克	22 千卡
合计		84 千卡

—— 烹饪秘籍 ——

步骤1和步骤2可以提前一晚准备好。四季豆一定要炒熟后食用。

—— 营养贴士 ——

四季豆是一种高膳食纤维蔬菜，促进肠道蠕动的同时能减少吸收，比较适合在控制体重时食用。

梅干菜炒豆角
——给味蕾的惊喜

⏱ 烹饪时间：20分钟　　🥄 难易程度：简单

📝 **做 法**

1. 梅干菜放入温水中泡软，捞出挤干水分，切碎备用。

2. 四季豆洗净，撕去老筋，切小段。

3. 炒锅中加入橄榄油烧热，放入四季豆小火煸炒至表面起皱。

4. 加入梅干菜炒香，加生抽、糖翻炒入味即可。

鸡汤菌菇嫩豌豆——浸满香气的汤菜

烹饪时间：20分钟　　难易程度：简单

特 色

有些菌菇真是美味得让人欲罢不能，混合了各种来自大自然的鲜美滋味，味觉层次分明，充满山野气息。小巧的豌豆是汤中的亮点。嫩得能掐出水来的豌豆尖带来了清香。

🥢 主 料

草菇50克、干鸡油菌10克、虫草花5克、嫩豌豆50克、豌豆尖100克、清鸡汤250毫升

🍵 辅 料

鸡油1茶匙、盐1/4茶匙

—— 烹 饪 秘 籍 ——

泡菌菇的水用来煮汤，味道非常鲜美，不要浪费了。

—— 营 养 贴 士 ——

做成汤菜食用是吃蔬菜的好方法，也是食物多样化的好机会。种类丰富的蔬菜能够带来充足的维生素和膳食纤维。

🏔 参考热量

食材	用量	热量
草菇	50 克	14 千卡
干鸡油菌	10 克	30 千卡
虫草花	5 克	19 千卡
嫩豌豆	50 克	56 千卡
豌豆尖	100 克	32 千卡
清鸡汤	250 毫升	15 千卡
合计		166 千卡

📝 做 法

1. 干鸡油菌用温水泡发，冲洗干净泥沙，撕成小块。

2. 草菇洗净切片。虫草花洗净。豌豆尖洗净。

3. 炒锅中加鸡油烧热，放入鸡油菌炒香。

4. 倒入清鸡汤和100毫升泡菌菇的水煮开。

5. 放入草菇、虫草花小火煮10分钟。

6. 加入嫩豌豆煮熟，起锅前放入豌豆尖，加盐调味即可。

烫青菜
——烫尽各色青菜

⏱ 烹饪时间：15分钟　　🥄 难易程度：简单

 特　色

红嘴儿绿叶的嫩菠菜，一掐就断的嫩豌豆尖，顶着花的菜心，繁茂的红薯叶，还有夏秋季节里大量上市的各色青菜，能烫来吃的菜太多了，只要桌上有一盘烫青菜就够了。

🥣 **主　料**

油菜200克

☕ **辅　料**

色拉油1茶匙、蒸鱼豉油1汤匙

⛰ **参考热量**

食材	用量	热量
油菜	200克	50千卡
合计		50千卡

—— 烹 饪 秘 籍 ——

只要是比较嫩的蔬菜都很合适用来烫着吃。酱油膏、蚝油、带鲜味的酱油比较适合用来搭配烫青菜。

—— 营 养 贴 士 ——

蔬菜中的维生素C、维生素B_2、叶酸、钾等营养成分都易溶于水，在制作烫青菜的过程中会流失一些。但是烫青菜缩小了青菜的体积，很容易便能吃下更多的蔬菜，也算是有舍有得。

📝 **做　法**

1. 油菜洗净，切去比较老的根茎。

2. 锅中加足量清水烧开，加入色拉油。

3. 放入油菜开盖煮30秒钟，捞出装盘。

4. 锅中留少许煮菜水，加入蒸鱼豉油再次烧开。

5. 将煮开的豉油汁淋在油菜上即可。

👍 **特 色**

口蘑炒一炒自带勾芡特效，搭配软糯翠绿的小油菜，一个是口蘑的鲜美滋味，一个是青菜的清新口感，真是完美的搭配。

🥢 **主 料**

小油菜200克、口蘑100克

☕ **辅 料**

菜籽油1茶匙、盐1/4茶匙、蒜3克

⛰ **参考热量**

食材	用量	热量
小油菜	200 克	24 千卡
口蘑	100 克	44 千卡
合计		68 千卡

——— 烹饪秘籍 ———

小油菜可以提前洗净备用，口蘑在使用之前再清洗。

——— 营养贴士 ———

用很少量的水来将蔬菜烫熟，吃菜又喝汤，能最大限度地避免水溶性维生素的损失，并且保持了蔬菜的天然美味。

口蘑烩小油菜
——菜软糯，汤鲜美

🕐 烹饪时间：20分钟　　🔪 难易程度：简单

📝 **做 法**

1. 小油菜洗净切小段。口蘑洗净切片。蒜去皮切片。

2. 炒锅中加入菜籽油烧热，放入蒜片中火炒香。

3. 加入口蘑片炒至变软，加100毫升清水烧开。

4. 放入小油菜翻拌均匀，盖盖中火煮1分钟。

5. 出锅前加盐调味即可。

菠菜炒蛋——百搭炒菜

🕐 烹饪时间：20分钟　　🔪 难易程度：简单

👍 **特　色**

菠菜炒蛋配中式主食也可，配西式面包也可，非常百搭。有了青菜的早餐总是那么美好。菠菜的做法很多，可以变着花样来吃。

🍚 **主　料**

菠菜250克、鸡蛋2个（约100克）、松子10克

☕ **辅　料**

色拉油1茶匙、黄油5克、盐1/4茶匙、蒜5克、牛奶1汤匙（约15毫升）

参考热量

食材	用量	热量
菠菜	250 克	70 千卡
鸡蛋	100 克	144 千卡
松子	10 克	72 千卡
牛奶	15 毫升	8 千卡
合计		294 千卡

—— 烹 饪 秘 籍 ——

菠菜洗净后整根氽烫，煮的时候不容易乱成一团。

—— 营 养 贴 士 ——

菠菜的营养价值在蔬菜中是比较高的，唯一的缺点就是草酸含量也高，但是焯水可以解决这个问题。

做 法

1. 菠菜洗净。蒜去皮切片。

2. 鸡蛋磕入碗中打散，加适量盐和牛奶搅匀。

3. 汤锅中加适量清水烧开，加入色拉油。

4. 锅中放入菠菜氽烫10秒钟，捞出挤干水分切段。

5. 松子放入不粘锅中小火煎香，盛出备用。

6. 不粘锅内加黄油熔化，放入蒜片小火煎香。

7. 倒入蛋液炒散，炒至蛋液凝固。

8. 将菠菜放入锅中翻拌均匀，加盐炒匀后出锅装盘。

9. 表面撒上煎香的松子即可。

番茄菜花油豆腐——健康开胃，简单易学

 烹饪时间：20分钟　　◤ 难易程度：简单

👍 **特　色**

　　微酸的滋味很好吃，从小吃到大，也是家庭餐桌常备的一道菜。好吃的秘诀就是浓浓的番茄味！

🍜 主　料

菜花200克、番茄200克、油豆腐50克

🫖 辅　料

色拉油1茶匙、菜籽油2茶匙、小葱5克、番茄酱1汤匙（约15毫升）、生抽1茶匙、盐1/4茶匙、糖1茶匙

🏔 参考热量

食材	用量	热量
菜花	200 克	40 千卡
番茄	200 克	30 千卡
油豆腐	50 克	123 千卡
番茄酱	15 毫升	14 千卡
合计		207 千卡

———— 烹 饪 秘 籍 ————

步骤1和步骤2可以提前一晚完成。当番茄成熟度不高时，可以加适量纯番茄酱改善口感。

———— 营 养 贴 士 ————

纯番茄酱的番茄红素含量比较高。使用的番茄酱最好不含糖、盐及其他调味品，只由番茄制作而成。

📝 做　法

1. 菜花洗净掰成小朵。番茄洗净，顶部切十字小口。油豆腐对半切开。小葱洗净切末。

2. 汤锅中加适量清水烧开，放入番茄汆烫30秒钟，捞出去皮切粒。

3. 水中加入色拉油，放入菜花汆烫2分钟，捞出沥干水分。

4. 汤锅中继续放入油豆腐汆烫30秒钟，捞出挤干水分备用。

5. 炒锅中加菜籽油烧热，放入小葱爆香。

6. 转小火放入番茄酱、番茄粒炒香，加入生抽、盐、糖调味。

7. 放入菜花和油豆腐炒匀，盖盖小火焖煮至菜花熟透即可出锅。

暴腌小黄瓜——佐粥良伴

🕐 烹饪时间：20分钟　　🥄 难易程度：简单

👍 特 色

暴腌小菜就适合秋天来做，这个季节的蔬菜种类很丰富，阳光充足。可以用芹菜、黄瓜、辣椒、香菜、花生米、胡萝卜、洋姜等食材来做暴腌菜。咸滋滋、脆生生的口感与一碗清粥特别对味。

🥣 主 料

荷兰黄瓜250克、核桃仁30克

🍵 辅 料

盐1/2茶匙、生抽2汤匙、冰糖1茶匙、姜5克、青辣椒15克

🍶 搭配推荐

第二章"青菜素包子"和第三章"杂粮豆浆"

烹饪秘籍

核桃仁外面褐色的外衣会有苦涩味，用清水泡软剥掉就可以了。

营养贴士

自己腌制的小菜，量不要多，当天吃完最好，以免久腌后亚硝酸盐含量过高。

⛰ 参考热量

食材	用量	热量
荷兰黄瓜	250克	35千卡
核桃仁	30克	211千卡
青辣椒	15克	3千卡
合计		249千卡

📝 做 法

1. 荷兰黄瓜洗净切成2厘米的厚片，晾晒至表面水分收干。

2. 姜洗净切片。青辣椒洗净切粒。核桃仁用清水浸泡后剥去褐色外衣。

3. 小锅内加入生抽、盐、冰糖和3汤匙清水，小火煮开晾凉制成腌汁。

4. 取一个干净的容器，放入荷兰黄瓜、姜、核桃仁、青辣椒。

5. 倒入煮好的腌汁，将容器密封放入冰箱冷藏一夜即可食用。

腐竹豌豆尖——鲜嫩鲜嫩的

烹饪时间：20分钟　　难易程度：简单

👍 特 色

掐掉最嫩的豌豆尖，配上豆香浓郁的腐竹，不管是配粥还是下饭都有好滋味。

🥣 主 料

豌豆尖200克、干腐竹50克

☕ 辅 料

菜籽油2茶匙、盐1/4茶匙、蒜3克、干贝素1/2茶匙

🍳 搭配推荐

第四章"什锦炒饭"

--- 烹 饪 秘 籍 ---

腐竹可以提前泡发汆烫好，放入冰箱冷藏保存。

--- 营 养 贴 士 ---

深绿色的嫩茎叶类蔬菜，整体营养价值都特别高。

⛰ 参考热量

食材	用量	热量
豌豆尖	200 克	64 千卡
干腐竹	50 克	231 千卡
合计		295 千卡

📝 做 法

1. 豌豆尖洗净掐掉老茎切小段。蒜去皮切片。

2. 干腐竹放入清水中泡软，斜切成段。

3. 汤锅中加清水烧开，放入腐竹汆烫1分钟，捞出控水备用。

4. 炒锅中加菜籽油烧热，放入蒜片爆香。

5. 放入豌豆尖炒软，加200毫升清水、干贝素煮开。

6. 放入腐竹段翻拌均匀，加盐调味即可出锅。

炒素菜——食材随心配

烹饪时间：20分钟　　难易程度：简单

特 色

这道菜也有人叫它素什锦，做起来快手方便，特别适合佐粥，清淡可口。勾点薄薄的芡汁，素菜也油润润的。

主 料

鲜香菇50克、口蘑50克、毛豆50克、山药50克、油面筋30克、干木耳5克

辅 料

橄榄油1汤匙、蚝油1茶匙、生抽1汤匙、糖1/2茶匙、水淀粉1汤匙

— 烹 饪 秘 籍 —

水淀粉是水和淀粉以1:1的比例搅匀制成的。勾芡时，水淀粉要一点点地加，不要一次倒入，炒一炒再加水淀粉，直到浓稠度合适。

— 营 养 贴 士 —

糖不是必需品，如果口味可以接受，能不加糖就不加。

参考热量

食材	用量	热量
鲜香菇	50克	13千卡
口蘑	50克	22千卡
毛豆	50克	66千卡
山药	50克	29千卡
油面筋	30克	148千卡
干木耳	5克	13千卡
合计		291千卡

做 法

1. 香菇洗净切厚片。口蘑洗净切厚片。干木耳用清水泡发撕小朵。

2. 山药洗净去皮切厚片。毛豆洗去浮皮。油面筋对半切开。

3. 汤锅中加足量清水烧开，放入所有主料余水1分钟，捞出控水。

4. 炒锅中加橄榄油烧热，放入所有主料大火炒香。

5. 加入蚝油炒香，再加生抽、糖炒匀。

6. 分次加入水淀粉炒至汤汁浓稠即可出锅。

酸辣木耳——酸甜适口

🕐 烹饪时间：20分钟　　🔪 难易程度：简单

特 色

黑白木耳加一点菜丝，凉拌着吃，酸香的滋味想一想都开胃。健康营养的低热量凉拌菜轻轻松松就能做出来。

主 料

干木耳10克、干银耳5克、胡萝卜30克、香菜20克

辅 料

香油1茶匙、盐1/4茶匙、醋2茶匙、糖1茶匙、生抽1茶匙、小米辣5克

参考热量

食材	用量	热量
干木耳	10克	27千卡
干银耳	5克	13千卡
胡萝卜	30克	10千卡
香菜	20克	7千卡
合计		57千卡

—— 烹 饪 秘 籍 ——

夏季里，木耳和银耳放在冰箱里面泡发更安全，能避免食物变质。

—— 营 养 贴 士 ——

木耳属于高纤维、低热量的蔬菜，几乎不含淀粉，却能让人获得饱腹感。

做 法

1. 干木耳、干银耳放入清水中泡发，洗净撕成小朵。

2. 汤锅中加水烧开，放入木耳、银耳氽烫5分钟，捞出控水备用。

3. 胡萝卜洗净去皮擦成细丝。香菜洗净切段。小米辣洗净切末。

4. 将木耳、银耳、胡萝卜、香菜、小米辣放入大碗中。

5. 加入其余所有辅料拌匀即可。

胡萝卜丝沙拉——酸爽的口感

烹饪时间：20分钟　　难易程度：简单

特 色

用擦丝器擦丝，用微波炉加热软化，淋酱汁，就是这么简单，一道爽口的小菜就做好了。复合味型的汁给胡萝卜丝增色不少。

主 料

胡萝卜200克、烤花生碎1汤匙（约15克）

辅 料

色拉油1茶匙、盐1/2茶匙、糖1/2茶匙、柠檬汁1汤匙、香菜20克、红葱头10克、青辣椒10克、蒜3克、白胡椒粉1/4茶匙

参考热量

食材	用量	热量
胡萝卜	200 克	64 千卡
烤花生碎	15 克	75 千卡
香菜	20 克	7 千卡
红葱头	10 克	4 千卡
青辣椒	10 克	2 千卡
合计		152 千卡

—— 烹饪秘籍 ——

选一个比较大的微波炉碗加热胡萝卜丝，会令其受热更均匀。

—— 营养贴士 ——

胡萝卜属于红橙色蔬菜，富含胡萝卜素。想要身体吸收胡萝卜素，无需大量油炒，只要和其他含有油脂的食物一起吃就可以了。

做 法

1. 香菜洗净，香菜梗切段，香菜叶留作装饰。

2. 红葱头洗净。青辣椒洗净。蒜去皮。

3. 胡萝卜洗净去皮，用擦丝器擦成细丝。

4. 将胡萝卜丝放入微波炉碗中，加色拉油拌匀。

5. 碗上覆盖保鲜膜，放入微波炉中高火加热1分钟。

6. 将香菜梗及剩余所有辅料放入料理机中搅碎。

7. 将搅拌出的汁淋在胡萝卜丝上拌匀。

8. 在胡萝卜丝表面点缀上香菜叶、烤花生碎即可。

水煮西蓝花与煎口蘑——相互借味，更好吃

🕐 烹饪时间：20分钟　　🍴 难易程度：简单

特 色

能少油就少油，能不炒就不炒。将水煮
和煎制同时操作，然后拌在一起，互相
借一下味道。水煮的菜也会好吃起来。

主 料

西蓝花200克、口蘑200克

辅 料

菜籽油1茶匙、海盐1/4茶匙、七味粉
1茶匙

参考热量

食材	用量	热量
西蓝花	200 克	72 千卡
口蘑	200 克	88 千卡
合计		160 千卡

做 法

1. 西蓝花洗净掰成小
朵。口蘑洗净切块。

2. 汤锅中加水烧开，放
入西蓝花汆烫至熟，
捞出控水备用。

3. 不粘锅中加菜籽油烧
热，放入口蘑中小火
煎熟。

4. 将西蓝花放入锅中与
口蘑拌匀，加海盐调
味后出锅。

5. 在西蓝花口蘑表面撒
上七味粉点缀即可。

081

奶酪沙拉——口感轻盈，味道均衡

🕐 烹饪时间：20分钟　　🍴 难易程度：简单

特　色

奶酪中钙含量高，经常食用一点对身体有益。奶酪擦成薄薄的碎片，虽然只是样子改变了，但是口感的确轻盈了许多。连带着一盘沙拉菜叶都好吃起来了。

主　料

芝麻菜150克、帕玛森干酪30克、柠檬1个

辅　料

橄榄油1汤匙、海盐1/4茶匙、黑胡椒碎1/2茶匙

搭配推荐

第一章"温泉蛋吐司"

—— 烹 饪 秘 籍 ——

制作沙拉的食材要尽量保持干燥，准备一个蔬菜甩干机，比较方便去掉菜叶上的水分。

—— 营 养 贴 士 ——

奶酪中浓缩了牛奶中的钙，但是脂肪相对也会多一些，吃奶酪的时候要减少其他油脂的摄入。

参考热量

食材	用量	热量
芝麻菜	150克	36千卡
帕玛森干酪	30克	118千卡
合计		154千卡

做　法

1. 芝麻菜择洗干净，甩干水分。柠檬洗净，切出两片作装饰用。

2. 剩余柠檬用榨汁器榨出柠檬汁备用。

3. 将芝麻菜放入大沙拉碗中，加橄榄油拌匀。

4. 淋入柠檬汁拌匀，加海盐、黑胡椒碎调味。

5. 将拌好的芝麻菜盛入盘中，柠檬片摆放在盘边。

6. 用奶酪刨刀擦出帕玛森干酪薄片，点缀在芝麻菜表面即可。

宝藏沙拉——越吃越有味

烹饪时间：20分钟　　难易程度：简单

👍 **特 色**

最下面是烟熏三文鱼，接着是煮薏米、可生食蔬菜、奶酪碎片。先把蔬菜吃掉才能找到三文鱼哦，时不常地给餐桌上加一点小乐趣吧。

🍲 **主 料**

烟熏三文鱼50克、混合沙拉叶100克、薏米30克、帕玛森干酪20克、柠檬1/4个

🍵 **辅 料**

橄榄油1汤匙、意大利黑醋1茶匙、海盐1/4茶匙

🫙 **搭配推荐**

第三章"咸燕麦粥"

🏔 **参考热量**

食材	用量	热量
烟熏三文鱼	50克	125千卡
混合沙拉叶	100克	15千卡
薏米	30克	108千卡
帕玛森干酪	20克	78千卡
合计		326千卡

—— 烹 饪 秘 籍 ——

薏米是不耐储存的杂粮，放久了会有"哈喇"味。平时可以少量多次购买。

—— 营 养 贴 士 ——

每周至少吃一次鱼类。鱼类富含优质蛋白质，三文鱼属于低汞高DHA的鱼类。

📝 **做 法**

1. 薏米洗净，用清水泡软。混合沙拉叶洗净，甩干水分。

2. 小锅中加入足量清水，放入薏米煮熟，捞出控干水分。

3. 将薏米稍微晾凉，加入1茶匙橄榄油拌匀。

4. 沙拉碗中放入混合沙拉叶，加入剩余橄榄油、海盐拌匀。

5. 盘中放入烟熏三文鱼，撒上薏米。

6. 上面放上混合沙拉叶，淋意大利黑醋。

7. 用奶酪刀刮一些帕玛森干酪碎点缀在表面，将柠檬放在盘子边即可。

芒果深绿沙拉——保持身体轻盈的沙拉

🕐 烹饪时间：20分钟　　🔪 难易程度：简单

👍 特 色

芒果切粒，其实是取其好看，各种深绿
沙拉叶菜垫底，淋自制的带有果香的油
醋沙拉汁。这些都能使口感粗糙的沙拉
叶菜变得更好吃。

🥣 主 料

羽衣甘蓝50克、芝麻菜50克、紫叶
生菜20克、芒果100克、松子25克、
黑加仑果干20克

☕ 辅 料

橄榄油1汤匙、杏果酱2茶匙、柠檬汁
2茶匙、海盐1/4茶匙

🍶 搭配推荐

第三章"虾仁玉米糊"

⛰ 参考热量

食材	用量	热量
羽衣甘蓝	50克	16千卡
芝麻菜	50克	12千卡
紫叶生菜	20克	3千卡
松子	25克	180千卡
黑加仑果干	20克	42千卡
芒果	100克	35千卡
合计		288千卡

— 烹 饪 秘 籍 —

其中的杏果酱可以用蜂蜜、枫糖浆、糖等
甜味食材来代替，作用是中和柠檬汁的酸
味。

— 营 养 贴 士 —

深绿色的叶类蔬菜，整体营养价值都很
高。颜色越深，很多营养素含量就越高。

📝 做 法

1. 芝麻菜、紫叶生菜洗
净用干水分，撕成小
块。芒果去皮去核切
成适口的方块。

2. 羽衣甘蓝洗净去掉中
间老茎，将叶子撕成
小片，甩干水分备
用。

3. 小碗中加入橄榄油、
杏果酱、柠檬汁、海
盐，搅拌至水油融合
做成沙拉汁。

4. 沙拉碗中放入羽衣甘
蓝，淋上沙拉汁，翻
拌均匀。

5. 再放入芝麻菜、紫叶
生菜翻拌均匀。

6. 将拌好的沙拉菜装
盘，表面撒上芒果
块、松子、黑加仑果
干即可。

烤菜花沙拉——沙拉也可以焦香美味

🕐 烹饪时间：20分钟　　✋ 难易程度：简单

👍 **特　色**

白色的菜花烤至一面焦香，不得不说无论是白色的还是绿色的菜花烤一烤都很好吃。再搭配上羽衣甘蓝、少许洋葱丝和一把坚果即可。微微有一点温度的沙拉吃起来胃里更舒服。

🥣 **主　料**

菜花150克、羽衣甘蓝100克、紫洋葱30克、山核桃仁25克

☕ **辅　料**

橄榄油1汤匙、海盐1/2茶匙、黑胡椒碎1/4茶匙、味噌1汤匙、芝麻酱2茶匙、白醋2茶匙

🍵 **搭配推荐**

第一章"蔬菜蛋奶派"

食材	用量	热量
菜花	150 克	30 千卡
羽衣甘蓝	100 克	32 千卡
紫洋葱	30 克	12 千卡
山核桃仁	25 克	152 千卡
合计		226 千卡

—— 烹 饪 秘 籍 ——

紫洋葱用纯净水浸泡一下，能去掉辛辣味。

—— 营 养 贴 士 ——

羽衣甘蓝的营养价值非常高，钾、镁、钙、维生素K、叶酸和膳食纤维的含量都很高。

📝 做 法

1. 菜花洗净掰成小朵，再切成四瓣。烤箱预热至200℃，烤盘垫上烘焙纸。

2. 将菜花放入烤盘，加盐、橄榄油、黑胡椒碎拌匀，铺散。

3. 将烤盘放入烤箱，烤20分钟，烤至菜花表面金黄即可。

4. 小碗中加入味噌、芝麻酱、白醋搅拌均匀，做成沙拉酱汁。

5. 羽衣甘蓝洗净甩干水分，去掉老茎，将叶子切成丝。

6. 紫洋葱洗净切成细丝，放入纯净水中浸泡一下，捞出控干水分。

7. 沙拉碗中放入羽衣甘蓝，淋入沙拉酱汁拌匀。

8. 再放入洋葱丝、烤菜花拌匀，盛入盘中。

9. 将山核桃仁掰碎，撒在沙拉表面即可。

低脂凯撒沙拉——更健康的传统沙拉

 烹饪时间：20分钟　　难易程度：简单

👍 **特　色**

凯撒沙拉里具有身份识别功能的元素这里都有，只是面包丁用的是全麦的，沙拉酱是自己做的低脂的，当作早餐沙拉时还加了一个鸡蛋，算是清爽简单、营养丰富了。

主料

罗马生菜100克、全麦吐司1片（约40克）、鸡蛋1个（约50克）、帕玛森干酪15克

辅料

橄榄油1茶匙、蒜2头、沙丁鱼（罐头）25克、柠檬汁2茶匙、第戎芥末1茶匙、盐1/4茶匙、黑胡椒碎1/4茶匙

参考热量

食材	用量	热量
罗马生菜	100 克	16 千卡
全麦吐司	40 克	91 千卡
鸡蛋	50 克	72 千卡
帕玛森干酪	15 克	59 千卡
合计		238 千卡

做法

1. 蒜切去顶部，用锡纸裹严，放入烤箱，180℃烤30分钟。

2. 取出烤熟的蒜瓣，放入料理机中。

3. 加入沙丁鱼罐头、柠檬汁、第戎芥末、盐、黑胡椒碎、80毫升纯净水搅拌成沙拉酱。

4. 鸡蛋放入清水中煮熟，剥壳切成小块。

5. 罗马生菜洗净甩干水分，切段。

6. 全麦吐司切丁，表面淋橄榄油，放入平底锅中煎至焦脆。

7. 将罗马生菜、全麦面包丁、鸡蛋块摆入盘中。

8. 在沙拉表面淋上做好的沙拉酱，撒上擦碎的帕玛森干酪即可。

藜麦南瓜能量沙拉——能量满满的一天

🕐 烹饪时间：20分钟　　✋ 难易程度：简单

👍 **特　色**

蕴含着丰富能量和营养的早餐沙拉，温度让食物变得更好吃。一起相约吃既健康又低热量无负担的美食吧。

主 料

板栗南瓜100克、藜麦30克、黑豆（罐头）80克、虾仁80克、芝麻菜50克、紫甘蓝30克

辅 料

橄榄油2茶匙、红彩椒50克、洋葱20克、墨西哥法吉塔粉(FAJITA)1汤匙

参考热量

食材	用量	热量
板栗南瓜	100 克	91 千卡
藜麦	30 克	110 千卡
黑豆（罐头）	80 克	85 千卡
虾仁	80 克	38 千卡
芝麻菜	50 克	12 千卡
紫甘蓝	30 克	8 千卡
红彩椒	50 克	13 千卡
洋葱	20 克	8 千卡
合计		365 千卡

做 法

1. 藜麦用清水浸泡30分钟，沥干水分放入蒸锅蒸熟备用。

2. 虾仁放入开水中氽烫至熟，捞出控水备用。

———— 烹饪秘籍 ————

紫甘蓝可以用比较宽的擦丝器来擦成极细的丝，口感就没那么硬了。

———— 营养贴士 ————

沙拉里面有蛋白质，有粗粮，有豆类，有多种蔬菜，营养比较全面。

3. 板栗南瓜洗净，去皮去瓤切成小块。洋葱洗净切粒。黑豆（罐头）沥干水分。

4. 红彩椒洗净切粒。芝麻菜洗净甩干水分。紫甘蓝洗净切成细丝。

5. 炒锅中加橄榄油烧热，放入板栗南瓜煎至焦黄。

6. 接着加入洋葱粒、红彩椒粒、虾仁、墨西哥法吉塔粉炒香。

7. 关火后放入藜麦、黑豆拌匀。

8. 盘中依次放入芝麻菜、紫甘蓝以及炒好的食材即可。

羽衣甘蓝甜瓜思慕雪——绿色健康饮品

烹饪时间：20分钟　　难易程度：简单

👍 特　色

早晨要想吃够蔬菜的量可能需要一些方法。做成思慕雪算是一种不错的方式。加了蔬菜的思慕雪真是补充维生素的好办法，操作方便，更能补充多种营养。

🥣 主　料

羽衣甘蓝150克、香蕉150克、甜瓜100克、椰子水100毫升

☕ 辅　料

南瓜子1茶匙、椰子脆片5克、蔓越莓干5克、树莓15克、蓝莓15克

—— 烹 饪 秘 籍 ——

香蕉在思慕雪中起到了令饮品浓稠的作用，其他食材可以根据现有食材做调整。

—— 营 养 贴 士 ——

打浆的蔬菜汁只要尽快喝掉，大部分营养还是能保留下来的。

🏔 参考热量

食材	用量	热量
羽衣甘蓝	150 克	48 千卡
香蕉	150 克	140 千卡
甜瓜	100 克	26 千卡
椰子水	100 毫升	24 千卡
南瓜子	10 克	52 千卡
椰子脆片	5 克	30 千卡
蔓越莓干	5 克	16 千卡
树莓	15 克	8 千卡
蓝莓	15 克	9 千卡
合计		353 千卡

📝 做　法

1. 羽衣甘蓝洗净去掉老茎，甩干水分。树莓、蓝莓洗净擦干水分。

2. 香蕉去皮切块。甜瓜洗净去子去皮切块。

3. 依次将甜瓜、香蕉、羽衣甘蓝、椰子水放入料理机中搅拌均匀。

4. 将打好的思慕雪倒入碗中，放上所有辅料点缀即可。

烤番茄——爆浆美味

烹饪时间：30分钟　　难易程度：简单

👍 特　色

铃铛一样的樱桃番茄烤到爆浆，汤汁用来配法棍，绝对好吃。因为里面隐藏着秘诀——烤大蒜、罗勒、奶酪、黑胡椒。

🥣 主　料

樱桃番茄200克、法棍100克、蒜2头、罗勒15克、马苏里拉奶酪50克

☕ 辅　料

橄榄油1汤匙、黄油5克、海盐1/2茶匙、黑胡椒碎1/2茶匙、高汤50毫升

⛰ 参考热量

食材	用量	热量
樱桃番茄	200 克	30 千卡
法棍	100 克	255 千卡
罗勒	15 克	4 千卡
马苏里拉奶酪	50 克	147 千卡
黄油	5 克	44 千卡
高汤	50 毫升	7 千卡
合计		487 千卡

—— 烹 饪 秘 籍 ——

各家的烤箱温度不固定，烤制时间根据番茄烤制时的状态适当调整。

—— 营 养 贴 士 ——

番茄的颜色呈深红色表示番茄红素和胡萝卜素含量高，这些都是对身体有益的营养素。

📝 做　法

1. 樱桃番茄洗净。蒜剥皮切去顶部。罗勒洗净擦干水分。法棍切片。

2. 平底不粘锅中加1茶匙橄榄油烧热，将蒜切面向下放入锅内煎至焦黄。

3. 将樱桃番茄、蒜放入小烤盘，表面淋上剩余的橄榄油，撒上海盐、黑胡椒碎，倒入高汤。

4. 烤盘放入预热至190℃的烤箱，烤15分钟。

5. 取出烤盘，将马苏里拉奶酪掰成块放入烤盘内。

6. 将烤盘送入烤箱继续烤7分钟。

7. 法棍面包表面抹黄油，放入平底不粘锅中煎至两面焦脆。

8. 取出烤盘，撒上罗勒叶，摆上法棍片即可。

奶油炖菜——奶香十足

⏱ 烹饪时间：25分钟　　🔪 难易程度：简单

👍 **特　色**

可放入炖菜里面的蔬菜种类很多，一家大小都适合吃，尤其是在冬天，热乎乎地来一碗，身体很快舒畅起来。

🥣 **主　料**

土豆100克、胡萝卜50克、西芹50克、西蓝花50克、洋葱30克、培根15克、牛奶180毫升

☕ **辅　料**

橄榄油2茶匙、黄油15克、中筋面粉15克、海盐1/4茶匙、黑胡椒碎1/4茶匙、帕马森干酪20克

参考热量

食材	用量	热量
土豆	100 克	81 千卡
胡萝卜	50 克	16 千卡
西芹	50 克	9 千卡
西蓝花	50 克	18 千卡
洋葱	30 克	12 千卡
培根	15 克	27 千卡
牛奶	180 毫升	97 千卡
黄油	15 克	133 千卡
中筋面粉	15 克	50 千卡
帕玛森干酪	20 克	78 千卡
合计		521 千卡

烹 饪 秘 籍

步骤1至步骤5可以提前一晚完成。

营 养 贴 士

吃了土豆等淀粉含量高的菜，搭配的主食就要减量。

做　法

1. 小锅中加入黄油熔化，放入中筋面粉炒匀。

2. 缓慢加入牛奶不断搅拌至浓稠细滑状态。

3. 加入切碎的帕玛森干酪搅匀成白酱。

4. 土豆、胡萝卜洗净去皮切块。西蓝花洗净掰成小朵。

5. 西芹洗净切粒。洋葱洗净切成小块。培根切成小粒。

6. 炒锅中加橄榄油，放入培根小火煎至出油。

7. 加入洋葱、土豆、胡萝卜、西芹炒至半熟。

8. 加入西蓝花、200毫升清水大火烧开，小火炖煮5分钟。

9. 向锅中加入白酱炖至浓稠，加海盐、黑胡椒碎调味即可。

杂蔬藜麦玛芬——咸味玛芬

🕐 烹饪时间：20分钟　　🥄 难易程度：简单

👍 **特　色**

玛芬可以是甜的，也可以是咸的。咸玛芬当作早餐，更为适口。这就像窝头、馒头一样，可以一次做多些，冻在冰箱里，随吃随取。

🍚 **主　料**

低筋面粉200克、藜麦25克、菠菜叶50克、板栗南瓜50克、牛奶200毫升、鸡蛋2个（约100克）、无盐黄油50克

🍵 **辅　料**

盐1/2茶匙、细砂糖10克、泡打粉7克、小苏打1/4茶匙、黑胡椒碎1/4茶匙

参考热量

食材	用量	热量
低筋面粉	200 克	640 千卡
藜麦	25 克	92 千卡
菠菜叶	50 克	14 千卡
板栗南瓜	50 克	46 千卡
牛奶	200 毫升	108 千卡
鸡蛋	100 克	144 千卡
黄油	50 克	444 千卡
合计		1488 千卡

注：6 个玛芬，每个热量为 248 千卡

做 法

—————— 烹 饪 秘 籍 ——————

为了得到玛芬松软的口感，面糊不要过度搅拌，以免起筋。

—————— 营 养 贴 士 ——————

全谷物能使身体得到更多的营养素。在玛芬中提高藜麦和蔬菜的比例，将会令你吃得更健康。

1. 藜麦用清水泡发。菠菜叶洗净切大块。板栗南瓜洗净去瓤切块。

2. 将藜麦沥干水分，和板栗南瓜一起放入蒸锅，大火蒸至食材熟透。

3. 黄油室温软化。玛芬模具内垫上玛芬纸托。烤箱预热至190℃。

4. 大碗中放入低筋面粉、泡打粉、小苏打、盐混合均匀备用。

5. 另一个碗中放入黄油和细砂糖，用打蛋器打至颜色变浅。

6. 加入牛奶和鸡蛋充分搅拌至完全融合。

7. 加入藜麦、黑胡椒碎搅拌均匀。

8. 将混合好的面粉分3次加入黄油蛋奶液中粗略翻拌一下。

9. 接着放入菠菜叶、板栗南瓜翻拌至看不到干粉即可。

10. 将混合好的面糊分装入玛芬模具，送入烤箱，烤20分钟即可。

西葫芦鸡蛋饼——可口的中式小饼

烹饪时间：20分钟　　难易程度：简单

👍 特 色

西葫芦擦丝，放入鸡蛋和面粉做成小饼。蛋香、面香，还透着西葫芦的清香，作早餐还是非常不错的。可以借助多孔煎锅，一次全部煎出来。

🥣 主 料

西葫芦200克、中筋面粉100克、鸡蛋2个（约100克）

☕ 辅 料

花生油1茶匙、盐1/2茶匙、白胡椒粉1/2茶匙、葱30克

🍳 搭配推荐

第三章"鲜虾荞麦面"

--- 烹饪秘籍 ---

西葫芦用中粗的擦丝工具来擦丝。平底不粘锅、电饼铛都可以用来煎西葫芦饼。

--- 营养贴士 ---

西葫芦水分大，热量低，做成的小饼非常适合控制热量的人食用。

⛰ 参考热量

食材	用量	热量
西葫芦	200 克	38 千卡
中筋面粉	100 克	333 千卡
鸡蛋	100 克	144 千卡
葱	30 克	8 千卡
合计		523 千卡

📝 做 法

1. 西葫芦洗净，去头去蒂，擦成丝。葱洗净切末。

2. 大碗中放入西葫芦丝、葱末、中筋面粉、盐、白胡椒粉。

3. 磕入鸡蛋搅拌均匀，静置10分钟后再次将面糊搅匀。

4. 小饼专用不粘锅表面刷一层花生油烧热。

5. 按照造型倒入适量西葫芦面糊煎至两面金黄即可出锅。

青菜素包子——热气腾腾的包子

🕐 烹饪时间：30分钟　　🥄 难易程度：简单

👍 **特　色**

早上也能不慌不忙地做包子，全靠提前准备。刚出锅的热气腾腾的青菜馅素包子，面皮上绿色的菜汁若隐若现。咬一口包子，青菜馅鲜香脆嫩。

🥣 **主　料**

面皮：中筋面粉200克、酵母粉2克、糖2克
馅料：小油菜400克、干香菇10克

☕ **辅　料**

菜籽油2茶匙、香油15毫升、盐3克、糖3克、鸡粉2克、小葱5克、姜5克

🍲 **搭配推荐**

第一章"酱牛肉"和第三章"八宝粥"

参考热量

食材	用量	热量
中筋面粉	200 克	666 千卡
小油菜	400 克	48 千卡
干香菇	10 克	27 千卡
香油	15 毫升	135 千卡
合计		876 千卡
注：8 个包子，每个热量约为 110 千卡		

—— 烹 饪 秘 籍 ——

步骤1至步骤8提前一晚制作完成。这是8个包子的量，根据需要可以减量。

—— 营 养 贴 士 ——

素包子虽然好吃，但也有营养不足的地方，可以通过合理搭配来补足蛋白质等其他营养素。

做 法

1. 将中筋面粉、酵母粉、糖放入盆中，倒入120毫升清水，用筷子搅匀成面絮。

2. 将面絮揉成光滑的面团，放回盆中，覆盖保鲜膜，静置发酵至2倍大。

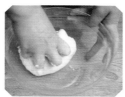

3. 取出面团按压排气，再次揉匀，放入盆中，覆盖保鲜膜，放入冰箱冷藏一夜。

4. 干香菇泡发去蒂切细粒。小葱洗净切粒。姜洗净切末。小油菜洗净去根。

5. 炒锅中加菜籽油烧热，放入小葱、姜爆香。

6. 放入香菇炒香，加糖拌匀，盛出后放入保鲜盒，放入冰箱冷藏一夜。

7. 小油菜放入开水中氽烫20秒钟，捞出过一遍冷水。

8. 将小油菜切成粒，挤干水分，放入保鲜盒，放入冰箱冷藏一夜。

9. 第二天将小油菜、香菇、盐、鸡粉、香油放入大碗中拌匀成馅。

10. 取出面团，分成8份，揉圆擀成面皮，放入适量小油菜馅包成包子。

11. 蒸锅中加适量清水，将包子底部垫上烘焙纸，放入蒸屉内，盖盖静置发酵15分钟。

12. 大火烧开蒸锅内的水，水开以后蒸8分钟，关火闷3分钟即可。

川味泡菜炒儿菜
——清清脆脆

🕐 烹饪时间：20分钟　　🥄 难易程度：简单

👍 **特 色**

清脆爽口，微酸微辣，简单易做。这是一道非常能唤醒味蕾的小菜。

🥣 **主 料**

儿菜200克、四川泡萝卜50克

☕ **辅 料**

菜籽油2茶匙、盐1/4茶匙、糖1茶匙、花椒1/2茶匙

⛰ **参考热量**

食材	用量	热量
儿菜	200克	54千卡
四川泡萝卜	50克	5千卡
合计		59千卡

——— 烹饪秘籍 ———

四川泡菜里面已经有盐分了，所以盐只要加一点就够。

——— 营养贴士 ———

泡菜对于增加胃酸分泌有帮助，早餐食欲欠佳的时候可以用泡菜来开胃。

📝 **做 法**

1. 儿菜洗净切片。四川泡萝卜切片。

2. 炒锅中加菜籽油烧热，放入花椒炒香。

3. 放入儿菜、泡萝卜中大火翻炒至熟。

4. 加入盐、糖调味拌匀即可出锅。

第三章

健康杂粮早餐

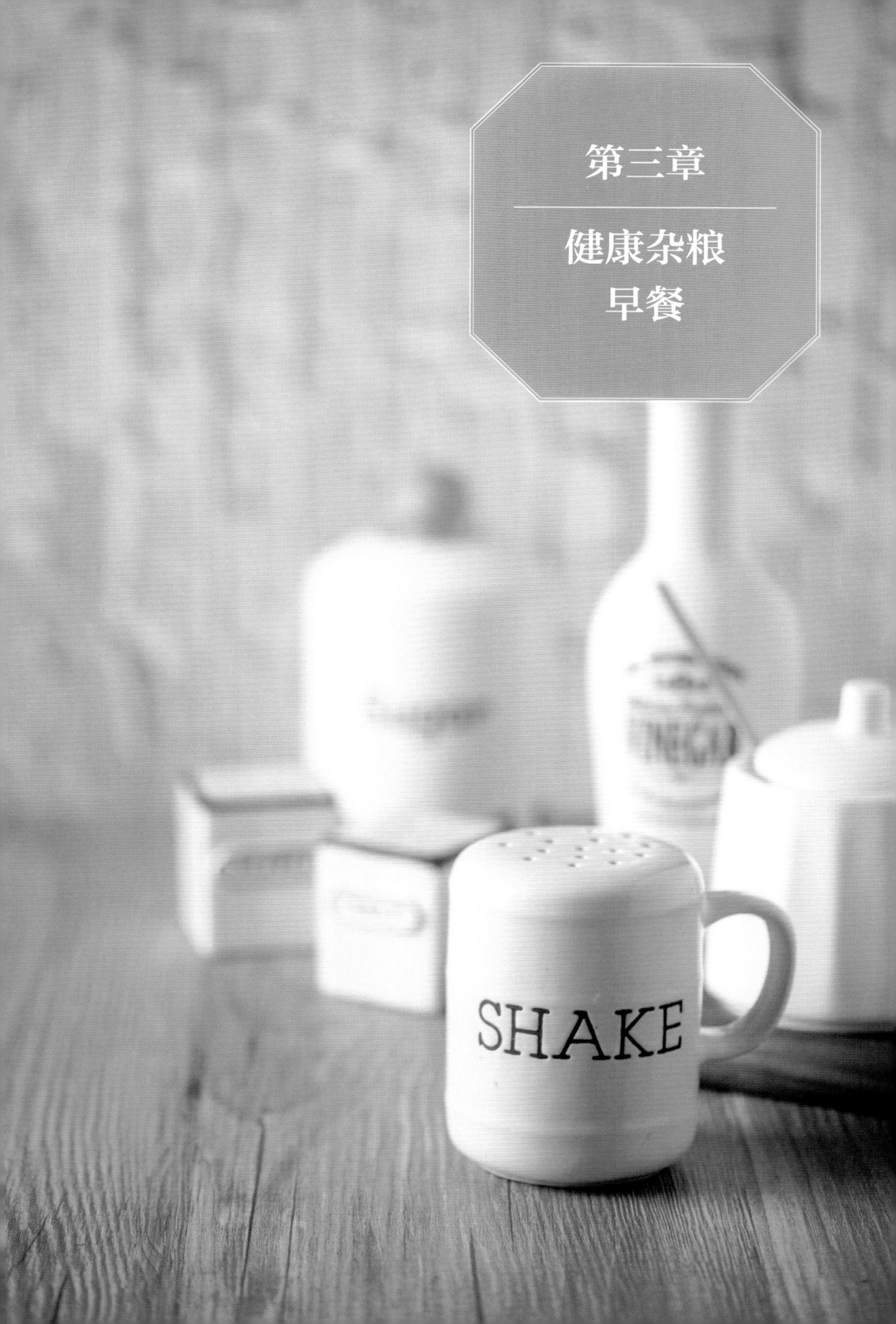

咸燕麦粥——温暖又饱腹

🕐 烹饪时间：20分钟　　🥄 难易程度：简单

👍 特色

带点咸味的燕麦粥吃完胃里更舒服。装饰上煎香的蘑菇和培根，浸润一颗溏心水波蛋，不要怀疑它的美味，大口大口地吃吧。

🍚 主料

燕麦片（原味）50克、胡萝卜25克、干香菇5克、菠菜叶25克、口蘑40克、清鸡汤400毫升、鸡蛋1个（约50克）

☕ 辅料

橄榄油1茶匙、海盐1/4茶匙、黑胡椒碎1/4茶匙、海苔碎1茶匙、培根10克

🔺 参考热量

食材	用量	热量
燕麦片	50克	169千卡
胡萝卜	25克	8千卡
干香菇	5克	14千卡
菠菜叶	25克	7千卡
口蘑	40克	18千卡
清鸡汤	400毫升	24千卡
鸡蛋	50克	72千卡
培根	10克	18千卡
合计		330千卡

—— 烹 饪 秘 籍 ——

这是比较简易的水波蛋的做法。将鸡蛋倒入锅中后，将锅稍微倾斜，使蛋清能聚拢在一起，做出的鸡蛋就会比较饱满。

—— 营 养 贴 士 ——

在摄入同样能量的情况下，燕麦引起的饱腹感更强。

📝 做 法

1. 胡萝卜洗净去皮擦成短丝。干香菇洗净泡发切薄片。菠菜叶洗净切段。

2. 口蘑洗净切4瓣。培根切小片。鸡蛋磕入小碗中。

3. 小汤锅内加足量清水烧开，关火，将锅移至一旁。

4. 鸡蛋碗贴着水面，将鸡蛋倒入锅中，盖盖焖5分钟。

5. 另起一个小汤锅，加入清鸡汤、燕麦片、胡萝卜、香菇中小火煮至黏稠。

6. 出锅前加入菠菜叶拌匀，加盐调味。

7. 平底不粘锅中加橄榄油烧热，放入培根煎脆，盛出备用。

8. 原锅放入口蘑煎至表面焦黄，盛出备用。

9. 将燕麦粥盛入碗中，放上口蘑、培根、鸡蛋。

10. 撒上黑胡椒碎、海苔碎点缀即可。

杂粮豆浆——香甜适口

🕐 烹饪时间：30分钟　　🥄 难易程度：简单

特　色

含有一定杂粮成分的豆浆，可以与各种比较干的早餐搭配。增加杂粮不仅仅是增加营养，豆浆的味道也好喝很多，会带有浓浓的谷物香气。

主　料

黄豆30克、大米10克、小米10克、小麦仁10克、玉米糁10克

辅　料

红枣10克、枸杞5克

搭配推荐

第二章"青菜素包子"

参考热量

食材	用量	热量
黄豆	30 克	117 千卡
大米	10 克	35 千卡
小米	10 克	36 千卡
小麦仁	10 克	32 千卡
玉米糁	10 克	35 千卡
红枣	10 克	28 千卡
枸杞	5 克	13 千卡
合计		296 千卡

—— 烹饪秘籍 ——

大米、小米、小麦仁、玉米糁浸泡后打浆会更细腻。若没有时间，直接做豆浆也没问题。

—— 营养贴士 ——

每人每天20克干黄豆的量就够了。红枣和枸杞为豆浆提供了甜味，就不需要再加糖了。

做　法

1. 黄豆洗净，加入足量清水泡发。红枣洗净泡软去核。

2. 大米、小米、小麦仁、玉米糁洗净浸泡1小时。

3. 将黄豆、大米、小米、小麦仁、玉米糁、红枣放入豆浆机中，加1000毫升清水。

4. 选择豆浆机的五谷功能，做成豆浆。

5. 将豆浆倒入杯中，点缀上枸杞即可。

111

八宝粥——食材丰富，有益健康

烹饪时间：20分钟　难易程度：简单

👍 **特 色**

掌握好食材的比例，用电压力锅做，每一颗豆子虽然软烂但却有型。食材的味道经过焖煮完美地融合在一起，美好的一天从八宝粥开始。

🥄 **主 料**

燕麦米20克、大黄米20克、糯米10克、薏米10克、紫米10克、红豆10克、绿豆10克、芸豆10克

☕ **辅 料**

百合5克、莲子5克、花生仁5克、核桃仁5克、龙眼干5克、蜜枣2个（约10克）、枸杞5克、葡萄干5克

🏛 **参考热量**

食材	用量	热量
燕麦米	20 克	75 千卡
大黄米	20 克	71 千卡
糯米	10 克	35 千卡
薏米	10 克	36 千卡
紫米	10 克	35 千卡
红豆	10 克	32 千卡
绿豆	10 克	33 千卡
芸豆	10 克	32 千卡
百合	5 克	17 千卡
莲子	5 克	18 千卡
花生仁	5 克	29 千卡
核桃仁	5 克	35 千卡
龙眼干	5 克	10 千卡
蜜枣	10 克	33 千卡
枸杞	5 克	13 千卡
葡萄干	5 克	17 千卡
合计		521 千卡

烹 饪 秘 籍

大黄米、糯米在粥里起到令口感黏稠的作用。龙眼干、蜜枣、枸杞、葡萄干能带来甜味。枸杞和葡萄干煮久之后果糖分解，口感会发酸，粥煮好以后再放入会更好吃。

营 养 贴 士

含有较多杂粮、杂豆的稠粥比同等重量的白粥更容易使人达到饱足状态，不会摄入过量。

📝 **做 法**

1. 所有主料放入大碗中清洗干净。

2. 除枸杞、葡萄干以外，将所有辅料用清水洗净。

3. 将洗净的主料、辅料放入电压力锅中。

4. 倒入800毫升清水，选择八宝粥模式，预约好第二天做早餐的时间。

5. 早餐当天，将枸杞、葡萄干用温水洗净，控干水分。

6. 放入煮好的粥中闷5分钟即可盛出食用。

南瓜红薯红枣粥——暖暖的色调，温和的口感

🕐 烹饪时间：20分钟　　🥄 难易程度：简单

👍 特 色

口感融合，同色系的南瓜、红薯、小米熬成金灿灿的粥，保留了来自食物本身的香香甜甜的味道，粥特别黏稠，口感非常好。

🥣 主 料

小米80克、大黄米20克、南瓜80克、红薯80克

☕ 辅 料

红枣2个（约20克）

🫙 搭配推荐

第二章"西葫芦鸡蛋饼"

烹 饪 秘 籍

步骤1至步骤3提前一晚完成。红薯容易氧化变色，用水清洗一遍再放入保鲜盒。

营 养 贴 士

小米中的维生素和矿物质含量远高于精白大米。再搭配足量的蔬菜和蛋白质类食物，营养就更全面了。

⛰ 参考热量

食材	用量	热量
小米	80克	289千卡
大黄米	20克	71千卡
南瓜	80克	18千卡
红薯	80克	72千卡
红枣	20克	55千卡
合计		505千卡

📝 做 法

1. 小米、大黄米洗净，加少许清水密封放入冰箱冷藏一夜。

2. 南瓜洗净去皮去瓤切成小块。红薯洗净去皮切成小块。红枣洗净。

3. 将上述食材放入保鲜盒密封，放入冰箱冷藏一夜。

4. 锅中加入800毫升清水烧开，放入所有食材。

5. 大火烧开后，转中小火煮20分钟即可，其间要不时地搅拌。

紫米紫薯玫瑰粥——暗香浮动

烹饪时间：20分钟　　难易程度：简单

👍 特　色

香甜滑糯，紫米粒粒有嚼劲，这个粥适合做得稀一点，用粥汤浸出玫瑰花的芳香。好粥也要好味道，给自己一个爱上杂粮粥的理由。

🥣 主　料

紫米50克、糯米30克、紫薯60克、椰枣2个（约20克）

☕ 辅　料

干玫瑰花1茶匙

⛰ 参考热量

食材	用量	热量
紫米	50克	173千卡
糯米	30克	105千卡
紫薯	60克	64千卡
椰枣	20克	70千卡
合计		412千卡

—— 烹 饪 秘 籍 ——

冷的紫薯给粥起到了降温的作用，不用等候就能食用。

—— 营 养 贴 士 ——

紫米也属于糙米。紫米富含花青素，还含有维生素E和B族维生素，这些都是对眼睛非常好的营养物质。

📝 做　法

1. 紫薯洗净，放入蒸锅蒸熟，去皮切块密封后放入冰箱冷藏保存。

2. 紫米、糯米淘洗干净。椰枣洗净去核。

3. 将紫米、糯米、椰枣放入电饭锅。

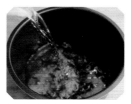

4. 加入800毫升清水，选择煮粥模式，预约好第二天做早餐的时间。

5. 早餐当天，取出紫薯，放入做好的粥中拌匀。

6. 放入干玫瑰花搅匀，盖盖闷2分钟即可。

牛肉山药杂粮粥——牛肉无比嫩滑

🕑 烹饪时间：20分钟　　🥄 难易程度：简单

👍 特 色

粥可以提前预约做熟，早上起来把牛肉馅放进去滚一滚就好。

🥣 主 料

大米30克、糙米30克、小米30克、牛里脊50克、山药50克、鸡蛋1个（约50克）

🍵 辅 料

盐1/2茶匙、生抽1/2茶匙、黑胡椒碎1/2茶匙、玉米淀粉8克、大葱5克、姜5克、小葱5克

⛰ 参考热量

食材	用量	热量
大米	30克	104千卡
糙米	30克	104千卡
小米	30克	108千卡
牛里脊	50克	54千卡
山药	50克	29千卡
鸡蛋	50克	72千卡
玉米淀粉	8克	28千卡
合计		499千卡

—— 烹 饪 秘 籍 ——

料理机使用完以后尽快冲洗干净，放置时间久了就不好清洗了。

—— 营 养 贴 士 ——

在粥里加入了牛肉之后，不仅味道更好，还增加了蛋白质的摄入。

📝 做 法

1. 大米、糙米、小米洗净，放入电压力锅。

2. 向锅中加900毫升清水，选择煮粥模式，预约第二天做早餐的时间。

3. 山药洗净去皮，放入保鲜盒，加清水浸泡。密封后放入冰箱冷藏一夜。

4. 早餐当天，将牛里脊切块，山药切块，一起放入料理机中。

5. 加入大葱、姜、盐、生抽、黑胡椒碎、玉米淀粉搅打成泥状，制成牛肉馅。

6. 将煮好的粥倒入汤锅中再次煮开。小葱洗净切末。

7. 用小勺将牛肉馅下入粥中煮熟。

8. 向锅中磕入鸡蛋打散，加入小葱末拌匀即可盛出。

肉松芹菜海苔粥——快手鲜香粥

烹饪时间：20分钟　　难易程度：简单

👍 特 色

对于早上来说，这个可以算是超级快手的粥了。预约做好的粥，加芹菜末拌匀略煮，盛到碗里，再拌上其他食材就可以了。

🥣 主 料

大米50克、糙米30克、芹菜50克、肉松10克、海苔碎5克

🥛 辅 料

香油1/2茶匙、盐1/2茶匙、白胡椒粉1/2茶匙

—— 烹 饪 秘 籍 ——

芹菜的纤维比较长，将芹菜切成比较细的末，煮到粥里口感更好。

—— 营 养 贴 士 ——

肉松只是调剂味道的食材，从营养的角度来说并不是理想的肉类加工食品，偶尔吃一次是可以的。

⛰ 参考热量

食材	用量	热量
大米	50克	173千卡
糙米	30克	104千卡
芹菜	50克	11千卡
肉松	10克	40千卡
海苔	5克	13千卡
合计		341千卡

📝 做 法

1. 大米、糙米洗净，放入电饭锅中，加700毫升清水，预约第二天做早餐的时间。

2. 芹菜洗净，密封放入冰箱冷藏一夜。

3. 早餐当天，电饭锅再次按下煮饭键。芹菜切成细末。

4. 将芹菜末、香油、盐、白胡椒粉放入粥中拌匀，加热1分钟。

5. 将粥盛入碗中，表面放上肉松、撕碎的海苔即可。

骨汤小米白菜粥——清汤带来好滋味

烹饪时间：20分钟　　难易程度：简单

如果有牛肉汤是最好的，小米和牛肉汤的味道比较搭。有了美味的肉汤打底，多加点蔬菜吧。绵密的小米粥滋润又好喝。

🍜 主　料

小米100克、小白菜80克、大白菜80克、香菇30克、牛肉200克、鸡骨架200克

🍵 辅　料

香油15毫升、盐1/2茶匙、白胡椒粉1/2茶匙、白胡椒粒30克、小茴香5克

⛰ 参考热量

食材	用量	热量
小米	100 克	361 千卡
小白菜	80 克	14 千卡
大白菜	80 克	16 千卡
香菇	30 克	8 千卡
牛肉	200 克	214 千卡
鸡骨架	200 克	104 千卡
香油	15 毫升	135 千卡
合计		852 千卡

—— 烹饪秘籍 ——

步骤1至步骤4可以提前完成。蔬菜选菜叶部分味道更好。

—— 营养贴士 ——

煮高汤的时候不要用大火，做清高汤就好。颜色越白说明汤里的脂肪含量越高。

📝 做　法

1. 将牛肉、鸡骨架放入汤锅中，加入没过食材的清水。

2. 大火烧开，撇去浮沫。放入白胡椒粒、小茴香，转小火煮2小时。

3. 挑出牛肉、鸡骨架，过滤掉杂质，只留清汤备用。

4. 小白菜洗净切丝。大白菜洗净切丝。香菇洗净切片。小米洗净。

5. 汤锅内加入800毫升清汤和香菇片煮沸。

6. 加入小米再次煮开，转小火煮20分钟。其间不时地搅拌。

7. 放入小白菜丝、大白菜丝、香油继续煮3分钟。

8. 出锅前加盐、白胡椒粉调味即可。

虾仁玉米糊——鲜香浓稠

◎ 烹饪时间：20分钟　　✎ 难易程度：简单

👍 **特 色**

粥只要稍加变化就能变得很好吃。这款西式的稠粥，加了奶酪来调味，搭配番茄虾仁，深受人们喜爱。

粗玉米粉100克、虾仁120克、培根30克、
帕玛森干酪20克、欧芹20克

黄油5克、海盐1/4茶匙、黑胡椒碎1/4茶匙、
红椒粉1茶匙、番茄酱（约15克）、蒜3克

🏛 参考热量

食材	用量	热量
粗玉米粉	100 克	350 千卡
虾仁	120 克	58 千卡
培根	30 克	54 千卡
番茄酱	15 克	14 千卡
帕玛森干酪	20 克	78 千卡
黄油	5 克	44 千卡
欧芹	20 克	7 千卡
合计		605 千卡

📝 做 法

─── 烹 饪 秘 籍 ───

步骤4和步骤5可以提前一晚完成。虾
仁洗净后用厨房纸尽量吸干水分。

─── 营 养 贴 士 ───

玉米粉虽然不是全谷物粗粮，但是
也比精米白面含有更多的膳食纤维
和矿物质。

1. 汤锅中加600毫升
清水烧开，加入粗
玉米粉搅拌均匀，
大火煮沸。

2. 转小火煮20分钟，
其间不时地搅拌。

3. 用刨刀把帕玛森干
酪刨成片，加入锅
中，搅拌均匀，关
火备用。

4. 虾仁洗净去虾线。蒜
去皮切末。培根切小
块。欧芹洗净切末。

5. 虾仁放入碗中，加入
海盐、黑胡椒碎、红
椒粉拌匀。

6. 不粘锅内放入培根
煎至焦脆出油，盛
出备用。

7. 原锅放入虾仁煎至变
色，加入蒜末炒香，放
入番茄酱炒出红油。

8. 出锅前加入黄油熔化，
放入欧芹碎拌匀。

9. 将玉米粥盛入碗中，
表面放上炒好的番茄
虾仁，撒上培根碎点
缀即可。

紫薯南瓜球——迷你小巧

◎ 烹饪时间：20分钟　　🍴 难易程度：简单

 特 色

　　熟的紫薯、南瓜制成泥，用保鲜膜做成小球，特别适合搭配蔬菜沙拉，摆在盘子边上，很好看，也算是搭配了粗粮。

主 料

板栗南瓜250克、紫薯250克、车达奶酪50克、蛋黄1个（约20克）

辅 料

牛奶40毫升、黑芝麻5克

搭配推荐

第二章"奶酪沙拉"

做 法

1. 板栗南瓜洗净去瓤切大块。紫薯洗净。车达奶酪切成小粒。蛋黄加1茶匙清水打匀。

2. 蒸锅中加适量清水，将板栗南瓜、紫薯放入蒸屉蒸熟。

> ——— 烹饪秘籍 ———
>
> 南瓜一定要购买比较干面的品种，水分大的南瓜不易成型。
>
> ——— 营养贴士 ———
>
> 用薯类代替部分主食，能提供更多的膳食纤维、钾和抗氧化物质。

3. 取出蒸好的板栗南瓜，去皮压成泥。

4. 取出蒸好的紫薯，去皮压成泥，加入牛奶搅拌均匀。

5. 砧板上铺一块保鲜膜，在中间放入1汤匙南瓜泥和1汤匙紫薯泥。

6. 将两种泥一起压扁，中间放1茶匙车达奶酪粒。

7. 收起保鲜膜拧紧，将南瓜紫薯泥制成圆球，放入烤盘内。

8. 在南瓜紫薯球上刷一层蛋黄液，撒少许黑芝麻。

9. 烤盘垫上烘焙纸，摆入南瓜紫薯球。

10. 放入预热至180℃的烤箱里烤10分钟即可。

土豆泥小饼——外焦里嫩，特别好吃

🕐 烹饪时间：20分钟　　🍳 难易程度：简单

👍 **特　色**

在土豆泥中加蔬菜粒、面粉，拍成小圆饼煎制而成的这道小食，口感独特。可用带模具的煎饼机，很顺手，早上现做也很方便。土豆这么好吃，完全可以代替部分主食。

🥘 主　料

土豆300克、胡萝卜80克、甜玉米50克、欧芹20克、马苏里拉奶酪30克

🍵 辅　料

橄榄油1汤匙、盐1/2茶匙、黑胡椒碎1/2茶匙、玉米淀粉8克

⛰ 参考热量

食材	用量	热量
土豆	300 克	243 千卡
胡萝卜	80 克	26 千卡
甜玉米	50 克	54 千卡
欧芹	20 克	7 千卡
马苏里拉奶酪	30 克	88 千卡
玉米淀粉	8 克	28 千卡
合计		446 千卡

—— 烹 饪 秘 籍 ——

步骤1和步骤2可以提前一晚完成。土豆可以放入电蒸锅或电饭锅中预约蒸制。

—— 营 养 贴 士 ——

土豆可以代替部分主食，它含有足够多的淀粉和比大米白面多的B族维生素。同时土豆也有蔬菜中含有的钾、维生素C和膳食纤维。

✍ 做　法

1. 土豆洗净表皮。胡萝卜洗净切小粒。欧芹洗净切末。

2. 甜玉米垂直放在砧板上，用刀竖着切下玉米粒。

3. 蒸锅中加适量清水，将土豆放入蒸屉蒸熟。

4. 用厨房毛巾包着土豆隔热，剥去土豆皮。

5. 土豆放入大碗中，趁热将土豆压成带有少许颗粒的土豆泥。

6. 加入胡萝卜粒、甜玉米粒、欧芹末、切碎的马苏里拉奶酪、盐、黑胡椒碎拌匀。

7. 将土豆泥做成直径大约7厘米、厚度大约2厘米的小饼。

8. 将土豆泥小饼放入玉米淀粉中两面裹满淀粉，抖落多余淀粉。

9. 平底不粘锅中加橄榄油烧热，放入土豆泥小饼中小火煎至两面金黄即可。

129

炒乌冬面——简单快捷的炒面

烹饪时间：20分钟　　难易程度：简单

👍 特　色

喜欢炒面，更爱炒乌冬面。早上不想太麻烦，简单加点蔬菜，随便炒炒就好吃得停不下来。多加点蔬菜，橙黄翠绿也是养眼得很，一点黑胡椒味若隐若现。

🍜 主　料

乌冬面200克、胡萝卜100克、小白菜50克、洋葱30克、培根15克

☕ 辅　料

橄榄油1茶匙、生抽2茶匙、黑胡椒碎1/4茶匙

🍶 搭配推荐

第三章"杂粮豆浆"和第一章"海鲜手工丸子"

⛰ 参考热量

食材	用量	热量
乌冬面	200 克	252 千卡
胡萝卜	100 克	32 千卡
小白菜	50 克	9 千卡
洋葱	30 克	12 千卡
培根	15 克	27 千卡
合计		332 千卡

—— 烹饪秘籍 ——

乌冬面也可以用普通面条替代，炒的时候最好使用不粘锅。
第一步可以提前一晚完成。洋葱气味比较大，要用密封性好的保鲜盒装。小白菜洗净就好，使用之前再切丝。

—— 营养贴士 ——

面条要吃得健康，注意控盐控油，增加蔬菜的比例，另外要补足蛋白质。

📝 做　法

1. 胡萝卜洗净去皮擦丝。小白菜洗净切丝。洋葱洗净切细丝。培根切块。

2. 汤锅中加足量清水烧开，放入乌冬面煮至八分熟。

3. 捞出乌冬面过一遍清水，控干水分。

4. 炒锅中加橄榄油，放入培根炒出油。加黑胡椒碎炒香。

5. 加入洋葱丝炒至变色，再加入胡萝卜丝炒软。

6. 放入乌冬面、小白菜丝翻拌均匀。

7. 均匀地淋入生抽，翻炒均匀后即可出锅。

鲜虾荞麦面——鲜上加鲜

烹饪时间：20分钟　　难易程度：简单

👍 特 色

给荞麦面加点颜色，提点鲜味，汤汤水水吃下去，又是元气满满的早晨。荞麦面素净的滋味中，有了鸡汤的鲜美、时蔬的清香，顿时奢华起来。

🥢 主 料

荞麦面100克、鲜虾100克、丝瓜100克、毛豆50克、清鸡汤500毫升

🍵 辅 料

盐1/2茶匙、小葱5克

⛰ 参考热量

食材	用量	热量
荞麦面	100克	102千卡
虾仁	100克	48千卡
丝瓜	100克	20千卡
毛豆	50克	66千卡
清鸡汤	500毫升	30千卡
合计		266千卡

— 烹饪秘籍 —

步骤1至步骤3可以提前一晚完成。小葱粒放入密封性好的保鲜盒里，以免在冰箱中串味。其中，丝瓜容易氧化，比较适合烹饪之前再去皮切块。

— 营养贴士 —

丝瓜、毛豆能够提供1+1＞2的味觉效果，因此可以减少盐、鸡精等调味料的添加量。

✍ 做 法

1. 鲜虾洗净，去头剥壳留虾尾，挑去虾线。

2. 将虾仁放入开水中煮熟，捞出立即过凉白开降温，控水备用。

3. 丝瓜洗净去皮切滚刀块。毛豆洗净。小葱洗净切粒。

4. 小锅中倒入清鸡汤烧开，放入毛豆煮熟。

5. 放入丝瓜煮1分钟，加盐调味。

6. 另起一个汤锅加水烧开，放入荞麦面煮熟。

7. 将荞麦面捞出盛入碗中，摆放上虾仁。

8. 浇上蔬菜鸡汤，撒上小葱粒即可。

小米鹰嘴豆黄瓜沙拉——主食沙拉

烹饪时间：10分钟　　难易程度：简单

👍 特 色

早上吃古斯古斯真方便，放在热水里泡一会儿就能吃了。鹰嘴豆也是熟的，加点调味料拌匀就可以，适合夏天。简单、清爽、适口。

🥣 主 料

古斯古斯米50克、鹰嘴豆（罐头）100克、荷兰黄瓜100克、红葱头30克、薄荷叶10克

🍵 辅 料

橄榄油2茶匙、黄油4克、海盐1/2茶匙、柠檬汁2茶匙

🍶 搭配推荐

第一章"香煎小肉饼"

─── 烹饪秘籍 ───

古斯古斯米加点油能防止粘连成一坨，黄油可以用橄榄油或其他适合凉拌的食用油替代。

─── 营养贴士 ───

杂豆类食材的蛋白质含量比大米白面高，饱腹感强。用杂豆代替部分精米白面作为主食，更利于瘦身。

⛰ 参考热量

食材	用量	热量
古斯古斯米	50克	182千卡
鹰嘴豆（罐头）	100克	67千卡
荷兰黄瓜	100克	14千卡
红葱头	30克	12千卡
薄荷叶	10克	3千卡
黄油	4克	36千卡
合计		314千卡

📝 做 法

1. 荷兰黄瓜洗净去两头，切成薄片。红葱头洗净切细丝。薄荷叶洗净切丝。

2. 古斯古斯米放入大碗中，加入50毫升热水，加盖闷5分钟。

3. 闷好以后趁热加黄油搅拌均匀。

4. 沙拉碗中放入鹰嘴豆（罐头）、荷兰黄瓜、红葱头、薄荷叶。

5. 加橄榄油、海盐、柠檬汁搅拌均匀。

6. 放入古斯古斯米拌匀即可。

酸奶酱藜麦沙拉
——健康轻食，简单美味

🕐 烹饪时间：20分钟　　🥄 难易程度：简单

蒸熟的藜麦加调味汁、蔬菜末拌着吃。点睛的口味是加了薄荷。有了这么多丰富口感的食材，这道藜麦沙拉怎么可能不好吃呢。

🥣 主　料

藜麦50克、豌豆50克、鸡胸肉80克、薄荷叶15克、飞达奶酪（feta）20克、希腊酸奶1汤匙（约15克）

🥄 辅　料

橄榄油2茶匙、海盐1/4茶匙、黑胡椒碎1/4茶匙、玉米淀粉4克、柠檬汁2茶匙

🍵 搭配推荐

第一章"温泉蛋吐司"

🏔 参考热量

食材	用量	热量
藜麦	50克	184千卡
豌豆	50克	56千卡
鸡胸肉	80克	106千卡
薄荷叶	15克	5千卡
飞达奶酪	20克	45千卡
希腊酸奶	15毫升	20千卡
玉米淀粉	4克	14千卡
合计		430千卡

—————— 烹饪秘籍 ——————

步骤1和步骤2可以提前一晚完成。
藜麦蒸熟以后加一点橄榄油拌匀，防止粘在一起。
飞达奶酪比较咸，试过味道后再酌情添加海盐调味。

—————— 营养贴士 ——————

藜麦的营养价值较高，其中膳食纤维和蛋白质的含量高于部分杂粮，可以当作瘦身主食。

📝 做　法

1. 藜麦洗净，用清水浸泡至出芽，沥干水分放入蒸锅蒸熟。

2. 鸡胸肉切粒，加1/4茶匙海盐、黑胡椒碎、玉米淀粉拌匀。

3. 不粘锅中加1茶匙橄榄油，放入鸡胸肉粒煎至表面焦黄。

4. 小汤锅中加清水烧开，放入豌豆汆烫至熟，捞出控水。

5. 薄荷叶洗净切碎。飞达奶酪切小块。

6. 沙拉碗中放入藜麦、鸡胸肉、豌豆、柠檬汁、1茶匙橄榄油拌匀。

7. 放入飞达奶酪、薄荷叶拌匀。

8. 拌好的食材装盘，淋上希腊酸奶即可。

调味杂粮饭——加点味道更好吃

🕐 烹饪时间：20分钟　　🥄 难易程度：简单

特 色

日式的做法，给杂粮简单调味。加一点生抽，杂粮饭更好吃。可进行简单随意的再加工，拌入更多种类的食材，吃得更有营养。

主 料

糙米140克、香菇50克、毛豆50克、胡萝卜50克、栗子仁50克

辅 料

橄榄油2茶匙、生抽2茶匙、味淋2茶匙、米酒1汤匙

—————— 烹 饪 秘 籍 ——————

用电压力锅蒸糙米饭，米粒更松软。

—————— 营 养 贴 士 ——————

刚开始吃糙米饭时，可以一半白米一半糙米，习惯以后可以换成纯糙米煮饭。

参考热量

食材	用量	热量
糙米	140克	487千卡
香菇	50克	13千卡
毛豆	50克	66千卡
胡萝卜	50克	16千卡
栗子仁	50克	94千卡
合计		676千卡

做 法

1. 糙米、栗子仁洗净，放入电压力锅，加入200毫升清水。

2. 加入生抽、味淋、米酒。预约第二天做早餐的时间。

3. 早餐当天，香菇洗净切粒。胡萝卜洗净去皮切粒。毛豆洗净。

4. 炒锅内加入橄榄油烧热，放入香菇、毛豆、胡萝卜炒熟。

5. 将蒸熟的糙米饭放入锅中拌匀即可。

139

香料饭——淡淡的香料味，入口很香

🕐 烹饪时间：20分钟　　🥄 难易程度：简单

👍 特 色

放足了食材，有胡萝卜、洋葱、坚果、蘑菇，一点点香料，米粒松软，吸饱各种好滋味，特别能唤醒食欲。

🥄 主 料

长粒香米200克、胡萝卜30克、蟹味菇30克、红葱头30克、开心果20克、香菜10克

🍵 辅 料

橄榄油2茶匙、盐1/2茶匙、绿豆蔻2粒、丁香1粒、桂皮3克、香叶1片、孜然粒1/2茶匙

⛰ 参考热量

食材	用量	热量
长粒香米	200 克	707 千卡
胡萝卜	30 克	10 千卡
蟹味菇	30 克	11 千卡
红葱头	30 克	12 千卡
开心果	20 克	113 千卡
香菜	10 克	3 千卡
合计		856 千卡

—— 烹饪秘籍 ——

步骤1和步骤2可以提前一晚完成，食材密封后放入冰箱冷藏保存。香料也可以提前准备好，放在厨房里。煮香料饭最好用厚底锅，铸铁锅就比较适合。

—— 营养贴士 ——

在米饭中增加蔬菜不仅味道更丰富，还能补充多种营养素。

📝 做 法

1. 长粒香米淘洗干净，浸泡10分钟后控水备用。

2. 胡萝卜洗净去皮擦成丝。蟹味菇洗净切粒。红葱头洗净切丝。香菜洗净切末。

3. 炒锅中放入橄榄油加热，依次放入红葱头、绿豆蔻、丁香、桂皮、香叶、孜然粒。

4. 中小火炒至香料出香味，放入胡萝卜、蟹味菇、开心果炒香。

5. 放入长粒香米翻炒3分钟，炒至米粒变透明，加盐调味。

6. 加入200毫升清水大火烧开，盖盖转中火焖煮10分钟，再转小火焖煮5分钟。

7. 关火后再焖5分钟，放入香菜，用饭铲将米饭打散拌匀即可。

全麦可丽饼——好看又好吃

👍 **特 色**

全麦面粉做可丽饼比较健康，可咸可甜，随意卷什么都好吃。可以提前将面糊拌好，冷藏放在冰箱中，早上轻松制作精致早餐。

🥢 **主 料**

全麦面粉40克、牛奶90毫升、鸡蛋1个（约50克）、香蕉80克、蓝莓50克

🥣 **辅 料**

黄油3克、色拉油1茶匙、盐少许、枫糖浆适量、糖粉适量

🍶 **搭配推荐**

第一章"罗勒鸡肉肠"和第二章"羽衣甘蓝甜瓜思慕雪"

🏔 **参考热量**

食材	用量	热量
全麦面粉	40 克	141 千卡
牛奶	90 毫升	49 千卡
鸡蛋	50 克	72 千卡
香蕉	80 克	74 千卡
蓝莓	50 克	29 千卡
黄油	3 克	27 千卡
色拉油	5 毫升	45 千卡
合计		437 千卡

—— 烹饪秘籍 ——

每做一张饼后，锅中重新抹适量黄油，再倒入面糊继续煎制。
可以提前将面糊拌好，放入冰箱冷藏，第二天早上煎制。也可以直接做好可丽饼放入冰箱冷藏，第二天加热食用。

—— 营养贴士 ——

全麦面粉含有比普通面粉更多的维生素B_1、维生素B_2、钙、铁、锌以及膳食纤维。

📝 **做 法**

1. 碗中放入鸡蛋、牛奶、色拉油搅拌均匀。

2. 另取一个大碗，放入全麦面粉和盐。

3. 将鸡蛋牛奶分次加入全麦面粉碗中，搅拌成没有颗粒的面糊。

4. 平底不粘锅烧热，抹少许黄油，舀入适量面糊。

5. 快速倾斜转动平底锅，将面糊摊薄。

6. 面糊凝固边缘翘起时，翻面煎至两面金黄即可出锅。

7. 香蕉去皮切片，放入可丽饼中，对折两次，放入盘中。

8. 蓝莓洗净摆入盘中，淋枫糖浆，撒糖粉即可。

夹馅华夫饼——面包版华夫饼

🕐 烹饪时间：20分钟　　🥄 难易程度：简单

👍 特　色

小面团放入华夫饼机里烤一会儿，香气就慢慢飘出来了。新出锅的华夫饼焦香奶香扑鼻而来，咬一口还能吃到里面的黑芝麻馅，真香啊。

🥣 主　料

高筋面粉150克、牛奶80毫升、鸡蛋液25克、熟黑芝麻20克、腰果20克、熟亚麻籽20克

☕ 辅　料

盐2克、糖15克、酵母粉2克、黄油15克

🍹 搭配推荐

第四章"蔬菜杂豆汤"

参考热量

食材	用量	热量
高筋面粉	150 克	500 千卡
牛奶	80 毫升	43 千卡
鸡蛋液	25 克	36 千卡
熟黑芝麻	20 克	112 千卡
腰果	20 克	123 千卡
熟亚麻籽	20 克	103 千卡
黄油	15 克	133 千卡
糖	15 克	60 千卡
合计		1118 千卡

注：做 7 个华夫饼，每个 159 千卡

—— 烹饪秘籍 ——

面团中加入黄油后只要揉匀揉透即可，不需要追求出膜状态。

—— 营养贴士 ——

生亚麻籽不利于消化，要买烤熟的亚麻籽，并且打成粉状更好吸收。

做 法

1. 将熟黑芝麻、熟亚麻籽、腰果放入料理机中打成粉状。

2. 将高筋面粉、盐、糖、酵母粉、鸡蛋液、牛奶放入盆中搅匀。

3. 揉成面团后，加入黄油再次揉匀。

4. 将面团放入盆中，覆盖保鲜膜室温发酵至两倍大。

5. 取出面团排气揉匀，将面团分割成40克一个的面剂，每个面剂揉匀擀平。

6. 擀平的面皮中间包入1茶匙芝麻坚果粉，包严滚圆，接口向下放置。

7. 做好的面团间隔放入深边烤盘，覆盖保鲜膜放入冰箱冷藏发酵一夜。

8. 第二天早上，取出面团轻轻按压排气，回温10分钟。

9. 将面团放入华夫饼机，盖盖烤至两面焦黄即可。

莎莎酱烤红薯——给红薯带来新感觉

🕐 烹饪时间：20分钟　　🔪 难易程度：简单

👍 特 色

冬天的味道里怎么能少了烤红薯。用微波炉烤的红薯也是热乎乎、香喷喷的。自制的莎莎酱健康又美味，怎么搭配都好吃。

🍲 主 料

红薯1个（约200克）、黑豆（罐头）20克、白豆（罐头）20克、牛油果30克、番茄30克 、紫洋葱30克

🍵 辅 料

橄榄油1茶匙、盐1/4茶匙、黑胡椒碎1/2茶匙、浓稠酸奶40克

—— 烹 饪 秘 籍 ——

红薯切开后再用微波炉加热能够缩短一半的烹饪时间。

—— 营 养 贴 士 ——

红薯膳食纤维含量高，但是蛋白质含量低，搭配一些豆类，可以代替一餐主食。

🏔 参考热量

食材	用量	热量
红薯	200 克	180 千卡
黑豆（罐头）	20 克	21 千卡
白豆（罐头）	20 克	18 千卡
牛油果	30 克	51 千卡
番茄	30 克	5 千卡
紫洋葱	30 克	12 千卡
浓稠酸奶	40 克	29 千卡
合计		316 千卡

📝 做 法

1. 红薯洗净表皮，对半切开，用蘸满水的厨房纸包严。

2. 将红薯放入微波炉，高火加热5分钟左右，微波至红薯熟透。

3. 牛油果去皮去核切小块。番茄洗净去蒂切小块。紫洋葱切小粒。

4. 沙拉碗中放入黑豆（罐头）、白豆（罐头）、牛油果、番茄、紫洋葱。

5. 加入橄榄油、盐、黑胡椒碎拌匀成莎莎酱。

6. 取出红薯，将莎莎酱放在红薯上，淋上浓稠酸奶即可。

金黄小窝头——充满玉米面的香甜

🕐 烹饪时间：40分钟　　🔪 难易程度：简单

👍 **特　色**

　　早餐的窝头想要既健康又松软可口，可以在和面时用牛奶代替清水。加入一个蛋黄也能起到乳化的作用，蒸出来的窝头色泽金黄，非常讨喜。

🏔 参考热量

食材	用量	热量
玉米面	150 克	525 千卡
中筋面粉	50 克	167 千卡
鸡蛋黄	20 克	66 千卡
糖	14 克	56 千卡
牛奶	110 毫升	59 千卡
合计：		873 千卡
注：做 15 个窝头，每个约 58 千卡		

—— 烹 饪 秘 籍 ——

制作窝头的造型时，手上蘸些水会更方便操作。

—— 营 养 贴 士 ——

在窝头中加入鸡蛋和牛奶不仅口感好，还补足了蛋白质。

📝 做　法

1. 鸡蛋放入清水中煮熟，剥壳取出蛋黄。

2. 将玉米面、中筋面粉、小苏打、鸡蛋黄放入盆中拌匀。

3. 糖、酵母粉放入牛奶中溶化。

4. 将牛奶倒入面粉盆中拌匀，揉成面团。

5. 盆上覆盖保鲜膜，静置醒发20分钟。

6. 将面团分成25克一个的剂子，搓圆备用。

7. 借助拇指将面团整理成上尖下圆底部中空的窝头形状。

8. 蒸锅中加适量清水，烧开。

9. 将窝头放在蒸屉上，开水上锅大火蒸15分钟即可。

杂粮馒头——更多的粗粮，更多的健康

⊙ 烹饪时间：20分钟　🥄 难易程度：简单

👍 **特　色**

　　各种杂粮都用点，将主食的粗粮比例增大，更有益健康。这类主食可以利用晚上和周末的时间提前做好，冷冻保存，早上只要加热就可以。

主 料

中筋面粉140克、燕麦粉60克、荞麦粉30克、绿豆粉30克、黑芝麻粉10克

辅 料

牛奶140毫升、糖10克、酵母粉3克

参考热量

食材	用量	热量
中筋面粉	140 克	466 千卡
燕麦粉	60 克	220 千卡
荞麦粉	30 克	95 千卡
绿豆粉	30 克	100 千卡
黑芝麻粉	10 克	58 千卡
牛奶	140 毫升	76 千卡
糖	10 克	40 千卡
合计		1055 千卡

注：做7个馒头，每个约151千卡

做 法

1. 小碗中放入牛奶、糖、酵母粉搅匀。

2. 所有主料放入盆中混合均匀。

— 烹 饪 秘 籍 —

若不想摄入糖，可以不加糖。

— 营 养 贴 士 —

做好的馒头，不立刻食用的那些可以密封冷冻保存。冷冻后的馒头更能保存其风味和营养。

3. 将搅拌好的牛奶倒入主料盆中，用筷子搅匀，揉成光滑的面团。

4. 盆上覆盖保鲜膜，放在温暖处发酵至两倍大。

5. 取出面团放在料理台上不断揉面10分钟。

6. 将面团分割成60克一个的剂子。

7. 每个面剂再次揉匀搓圆，整理成椭圆的馒头坯，放在小块烘焙纸上。

8. 蒸锅中加适量温水，将馒头坯放入蒸屉，静置发酵20分钟。

9. 大火烧开蒸锅中的水，上汽后蒸12分钟，关火闷3分钟即可。

小米发糕——松软可口，好吃又健康

🕐 烹饪时间：20分钟   🥄 难易程度：简单

👍 特 色

在发糕里面加个鸡蛋，更暄软，吃起来还不掉渣。早上只要再次加热就可以，一样松软可口。偶尔煎一片吃也特别棒。酥脆的外皮，带着米面的香气。

🥣 主　料

中筋面粉120克、小米粉100克、大黄米粉
30克、鸡蛋1个（约50克）

🥤 辅　料

酵母粉5克

🏔 参考热量

食材	用量	热量
中筋面粉	120 克	400 千卡
小米粉	100 克	363 千卡
大黄米粉	30 克	107 千卡
鸡蛋	50 克	72 千卡
合计		942 千卡
注：1/6 块发糕的热量为 157 千卡		

—— 烹 饪 秘 籍 ——

若喜欢甜味的发糕，可以点缀上红
枣、葡萄干等甜味食材。
蒸制发糕需要的时间比较长，如果
蒸的时间不够，发糕吃起来会粘
牙。

—— 营 养 贴 士 ——

主食中增加全谷物食材，一方面可
获得膳食纤维，使肠道通畅；另一
方面能提供丰富的B族维生素。

📝 做　法

1. 中筋面粉、小米粉、大黄米粉放入盆中拌匀。

2. 酵母粉放入小碗中，加125毫升温水制成酵母水。

3. 面粉中加入酵母水、鸡蛋，用筷子搅拌均匀。

4. 手上蘸少许水，将面团揉匀。

5. 盆上覆盖保鲜膜，于温暖处静置发酵至面团2倍大（大约需要1小时）。

6. 揭掉保鲜膜，轻轻排出面糊中的大气泡。

7. 6寸（直径约15厘米）模具底部垫上烘焙纸，侧壁也垫上烘焙纸，将面团放入模具内。

8. 蒸锅中加适量温水，将模具放入蒸屉，盖盖二次发酵至两倍大。

9. 开火蒸制，水开以后蒸30分钟，关火闷5分钟。取出脱模晾凉即可。

蔬菜手工面包——快手面包

🕐 烹饪时间：70分钟　　🥄 难易程度：简单

👍 特　色

西式的快手面包，相当于中式的馒头、发糕。说是面包，其实制作起来非常简单，配料也比较随意，简单不易失败，可以作为主食储备。

🍚 主　料

中筋面粉200克、全麦面粉100克、西葫芦450克、鸡蛋2个（约100克）、牛奶60毫升、核桃仁50克

☕ 辅　料

海盐1茶匙、泡打粉1茶匙、小苏打1茶匙、糖30克、黄油90克

食材	用量	热量
中筋面粉	200 克	666 千卡
全麦面粉	100 克	352 千卡
西葫芦	450 克	86 千卡
鸡蛋	100 克	144 千卡
牛奶	60 毫升	32 千卡
核桃仁	50 克	352 千卡
糖	30 克	120 千卡
黄油	90 克	799 千卡
合计		2551 千卡

注: 1/8 块面包的热量为 319 千卡

—— 烹 饪 秘 籍 ——

黄油可以用等量的食用油替换。

检验面包熟没熟,可以用牙签插入面包中心,若拔出的牙签是干净的,就说明面包烤熟了。

留出第二天早上吃的分量,其余面包切片密封,可以冷冻保存1个月。

—— 营 养 贴 士 ——

可以将面包中的中筋面粉用部分全麦面粉代替,加入杂粮、蛋、奶、坚果,使面包的营养密度更高。

📝 做 法

1. 西葫芦洗净切去两头,擦成粗丝。核桃仁切碎。黄油软化。

2. 西葫芦丝放入盆中,加入糖腌制15分钟,挤干水分备用。

3. 磅蛋糕模具内壁抹适量黄油,撒一层面粉(额外准备),倒扣磕掉多余面粉。

4. 烤架放于烤箱底层,烤箱预热至180℃。

5. 大碗中放入中筋面粉、全麦面粉、核桃仁、海盐、泡打粉、小苏打混合均匀。

6. 取另一个大碗,放入西葫芦、牛奶、黄油、鸡蛋混合均匀。

7. 将拌好的西葫芦丝加入面粉碗中,翻拌至看不到干粉即可。

8. 拌好的食材填入磅蛋糕模具内,抹平表面。

9. 将模具放入烤箱烘烤50分钟左右,取出冷却5分钟后倒扣脱模即可。

牛奶燕麦水果粥——
5分钟就能做好

⏱ 烹饪时间：5分钟　　🥄 难易程度：简单

👍 **特　色**

略微煮过的燕麦片，滑溜溜的，还带有嚼劲。苹果和梨提供了水果的香气。红心火龙果吃起来外温内凉，十分爽口。

🥣 **主　料**

燕麦片（原味）50克、牛奶100毫升、苹果30克、梨30克、红心火龙果40克

☕ **辅　料**

黑芝麻3克、亚麻籽3克

🍚 **参考热量**

食材	用量	热量
燕麦片	50 克	169 千卡
牛奶	100 毫升	54 千卡
苹果	30 克	16 千卡
梨	30 克	15 千卡
红心火龙果	40 克	24 千卡
黑芝麻	3 克	17 千卡
亚麻籽	3 克	15 千卡
合计		310 千卡

—— 烹饪秘籍 ——

加入锅中的水量比较少，最好直接使用开水，以免烧水时不小心将水烧干。

—— 营养贴士 ——

用等量的燕麦代替部分白米白面是有利于瘦身的。黑芝麻、亚麻籽可以打成粉食用，这样更有利于营养成分的吸收。

📝 **做　法**

1. 苹果洗净去核切成小薄片。梨洗净去皮去核切成小薄片。红火龙果去皮切成小块。

2. 小汤锅中加200毫升热水，放入苹果片、梨片、燕麦片，开盖中小火煮2分钟。

3. 关火后倒入牛奶搅拌至充分融合。

4. 加入黑芝麻、亚麻籽拌匀盛入碗中，点缀上红心火龙果块即可（也可再装饰点绿色食材）。

第四章

快手素食
早餐

紫薯菜饭——清香开胃

🕐 烹饪时间：30分钟　　🍴 难易程度：简单

特 色

切成细末的茼蒿要炒一下，往米饭里一
拌，再点缀上紫薯粒，粗细都有了，简单
又好做。

主 料

大米150克、茼蒿200克、紫薯100克

辅 料

鸡油2茶匙、盐1/4茶匙

参考热量

食材	用量	热量
大米	150 克	519 千卡
茼蒿	200 克	48 千卡
紫薯	100 克	106 千卡
合计		673 千卡

—— 烹 饪 秘 籍 ——

不一定是茼蒿，大部分绿叶小青菜都
可以做菜饭。
紫薯可以提前一晚放入电蒸锅预约蒸
制。大米也可以提前放入电饭锅预约
蒸制。

—— 营 养 贴 士 ——

紫薯中含有对身体有益的花青素。紫
薯也含有淀粉，因此吃紫薯时要减少
其他主食。用紫薯代替部分米饭能额
外得到丰富的膳食纤维。

做 法

1. 大米洗净放入电饭锅
   中，加入180毫升清
   水，蒸饭。

2. 紫薯洗净。茼蒿洗净
   切成细末。

3. 蒸锅中加适量清水，
   放入紫薯蒸熟。

4. 炒锅中加鸡油烧热，
   放入茼蒿细末炒至
   断生。

5. 将茼蒿及炒出的汤汁
   放入电饭锅内，加盐
   翻拌均匀，盖盖闷1
   分钟。

6. 取出紫薯，去皮切成
   小方块，点缀在菜饭
   上即可。

鸡汤年糕——暖暖的美味

烹饪时间：15分钟　难易程度：简单

特 色

最适合冬季里热腾腾地煮一锅。软糯的小
青菜搭配年糕真是无比合适。冬日里这一
碗年糕汤，就一个字，暖。

🥢 主 料

年糕150克、菜薹150克、清鸡汤500毫
升

☕ 辅 料

橄榄油2茶匙、盐1/2茶匙

🍳 搭配推荐

第二章"梅干菜炒豆角"

⛰ 参考热量

食材	用量	热量
年糕	150 克	341 千卡
菜薹	150 克	36 千卡
清鸡汤	500 毫升	30 千卡
合计		407 千卡

—— 烹 饪 秘 籍 ——

菜薹可以用小油菜、菠菜代替。

—— 营 养 贴 士 ——

菜薹的营养价值很高，热量低，很适
合用来制作瘦身早餐。

✍ 做 法

1. 年糕切片。菜薹洗
净，去老茎切段。

2. 炒锅内加橄榄油烧热，
放入菜薹大火炒软。

3. 小锅中加入清鸡汤
煮沸，放入年糕片
煮软。

4. 将炒菜薹放入鸡汤锅
中略煮至蔬菜软糯。

5. 起锅前加盐调味
即可。

菜泡饭——简单易做，清香暖胃

🕐 烹饪时间：10分钟　　🔪 难易程度：简单

👍 特　色

菜泡饭在南方的早餐中经常出现。胃口不好的时候正适合做一碗。现成的米饭加水滚一会儿，再加入炒过的青菜，简单开胃。

🥣 主　料

熟米饭150克、小油菜150克、香菇50克、筒骨汤500毫升

☕ 辅　料

菜籽油1茶匙、盐1/2茶匙、姜3克

─── 烹 饪 秘 籍 ───

若想让味道再丰富些，可以加入咸肉、火腿、海鲜等。

─── 营 养 贴 士 ───

清晨胃动力不足时，口感比较柔软的菜泡饭更易消化，也比白粥含有更丰富的营养。

⛰ 参考热量

食材	用量	热量
熟米饭	150克	174千卡
小油菜	150克	18千卡
香菇	50克	13千卡
筒骨汤	500毫升	173千卡
合计		378千卡

📝 做　法

1. 小油菜洗净切碎。香菇洗净切片。姜洗净切丝。

2. 炒锅中加菜籽油烧热，放入姜丝爆香，加入香菇炒熟。

3. 加入小油菜大火炒至断生。

4. 汤锅内加入筒骨汤煮开，放入熟米饭拨散煮1分钟。

5. 放入炒好的香菇青菜，再次煮滚以后加盐调味即可。

番茄豌豆疙瘩汤——红的、绿的，真养眼

烹饪时间：10分钟　　难易程度：简单

特　色

软软糯糯的面疙瘩，酸酸甜甜的番茄，酸甜的味道渗透进每一颗面疙瘩里。家常味，简单好做。

🥢 主　料

面粉80克、去皮番茄（罐头）2汤匙（约30克）、豌豆50克、鸡蛋1个（约50克）

☕ 辅　料

花生油2茶匙、盐1/2茶匙、鸡粉1/2茶匙、白胡椒粉1/2茶匙

🍳 搭配推荐

第一章"罗勒鸡肉肠"

⛰ 参考热量

食材	用量	热量
中筋面粉	80克	266千卡
去皮番茄（罐头）	30克	7千卡
豌豆	50克	56千卡
鸡蛋	50克	72千卡
合计		401千卡

—— 烹 饪 秘 籍 ——

面疙瘩搅好以后，倒入滤网中，将干面粉抖掉。过滤后的面疙瘩煮出来的汤更清爽。

盛面粉的碗选一个比较沉的，这样一手倒水、一手搅面粉的时候，碗的稳定性好，不会乱动。

—— 营 养 贴 士 ——

一餐饭中至少要有主食、蔬菜、含优质蛋白类食物。

📝 做　法

1. 豌豆洗净。鸡蛋磕入碗中打散。

2. 面粉放入大碗中，缓慢加入30毫升清水，边倒边搅拌成小面疙瘩。

3. 炒锅中加花生油烧热，放入去皮番茄（罐头）炒出红油。

4. 向锅中加入800毫升清水烧开，煮2分钟。

5. 将面疙瘩下入汤中搅散，加入豌豆煮熟。

6. 加盐、鸡粉、白胡椒粉调味后淋入蛋液，再次煮开即可。

菌菇砂锅面片——鲜美有温度

🕐 烹饪时间：20分钟　　🔪 难易程度：简单

👍 **特　色**

各种菌菇，再加点蔬菜，揪点面片，热乎乎地煮上一小锅，味道鲜美且健康。有了温度的食物更有滋味。

主 料

饺子皮100克、蟹味菇50克、白玉菇50克、羊肚菌10克、圣女果50克、油菜心50克、豆泡30克

辅 料

盐1/2茶匙、生抽1茶匙

参考热量

食材	用量	热量
饺子皮	100 克	250 千卡
蟹味菇	50 克	18 千卡
白玉菇	50 克	15 千卡
羊肚菌	10 克	32 千卡
圣女果	50 克	13 千卡
油菜心	50 克	12 千卡
豆泡	30 克	71 千卡
合计		411 千卡

———— 烹饪秘籍 ————

步骤1至步骤3可以提前准备，其中羊肚菌需放入冰箱冷藏泡发，油菜心第二天早上再切。

———— 营养贴士 ————

早餐的食物合理搭配着吃，会令营养升级。如果有时间，可以将做面片的白面粉换成全麦面粉。

做 法

1. 蟹味菇、白玉菇洗净切掉根部。羊肚菌用温水泡发。

2. 油菜心洗净对半切开。豆泡对半切开。

3. 圣女果洗净，放入开水中汆烫30秒钟，捞出去皮。

4. 砂锅中加适量清水烧开，放入圣女果煮软。

5. 加入蟹味菇、白玉菇、羊肚菌、豆泡煮熟。

6. 准备一小碗水，将饺子皮放入水中浸一下。

7. 将浸过水的饺子皮揪成小片，放入锅中煮至浮起。

8. 放入油菜心略煮，加盐、生抽调味即可出锅。

蔬菜杂豆汤——鲜味完全融入汤中

烹饪时间：20分钟　　难易程度：简单

特 色

豆子养生，杂蔬补充维生素。咸味的蔬菜豆子汤很好喝。豆子软烂适口，吸收了美味的汤汁后颗颗软糯喷香。

🥄 主 料

白芸豆40克、干豌豆40克、洋葱30克、胡萝卜30克、番茄80克、羽衣甘蓝50克、清鸡汤500毫升

☕ 辅 料

橄榄油2茶匙、海盐1/2茶匙、黑胡椒碎1/4茶匙、红椒粉1/2茶匙

—— 烹 饪 秘 籍 ——

步骤1和步骤2可以提前一晚完成。豆子使用罐头制品也可以。

—— 营 养 贴 士 ——

豆类是营养价值极高的食物，高蛋白、高纤维、低脂肪、低GI。豆类淀粉对提升饱腹感、预防肥胖有很好的作用。

⛰ 参考热量

食材	用量	热量
白芸豆	40克	126 千卡
干豌豆	40克	134 千卡
洋葱	30克	12 千卡
胡萝卜	30克	10 千卡
番茄	80克	12 千卡
羽衣甘蓝	50克	16 千卡
清鸡汤	500毫升	30 千卡
合计		340 千卡

📝 做 法

1. 白芸豆、干豌豆洗净放入电压力锅，放入没过豆子的清水，预约第二天做早餐的时间。

2. 胡萝卜洗净去皮切小块。洋葱洗净切粒。番茄洗净去蒂切小块。羽衣甘蓝洗净切段。

3. 炒锅中加入橄榄油烧热，放入洋葱、胡萝卜炒香。

4. 加入番茄、红椒粉炒出红油，倒入清鸡汤煮沸。

5. 加入适量煮好的白芸豆、干豌豆，煮3分钟。

6. 加入羽衣甘蓝煮软，加海盐、黑胡椒碎调味即可。

墨西哥泡饼——浓浓的滋味

烹饪时间：20分钟　　难易程度：简单

将带有浓郁墨西哥风味的汤盛到碗中，趁热泡上墨西哥玉米饼，玉米饼瞬间吸满汤汁，变得柔软易吃。

🥢 主　料

墨西哥玉米饼2张（约20克）、鹰嘴豆（罐头）50克、黑豆（罐头）50克、去皮番茄（罐头）100克、洋葱30克、牛油果30克

🍵 辅　料

橄榄油2茶匙、青柠1/4个、墨西哥玉米饼调料1汤匙

⛰ 参考热量

食材	用量	热量
墨西哥玉米饼	20克	43千卡
鹰嘴豆（罐头）	50克	34千卡
黑豆（罐头）	50克	53千卡
去皮番茄（罐头）	100克	22千卡
洋葱	30克	12千卡
牛油果	30克	51千卡
合计		215千卡

—— 烹饪秘籍 ——

如果赶时间，玉米饼也可以不煎，直接泡在汤里也是一样的。

—— 营养贴士 ——

鹰嘴豆中蛋白质、不饱和脂肪酸、纤维素等含量都很高，这些都是有益人体健康的营养素。

📝 做　法

1. 洋葱洗净切粒。牛油果去皮去核切小粒。

2. 锅中加橄榄油烧热，放入洋葱粒炒至焦香。

3. 加入鹰嘴豆、黑豆、墨西哥玉米饼调料炒匀。

4. 加入去皮番茄、300毫升开水煮10分钟。

5. 将1张玉米饼撕碎放入汤中同煮。

6. 另一张玉米饼放入平底锅中煎脆，掰成小块。

7. 将汤盛入碗中，表面撒上牛油果粒、煎玉米饼块，挤上青柠汁即可。

👍 特　色

1根大葱切成片，和蛋液炒至定型。墨西哥饼抹上甜面酱、黄豆酱、辣酱，把大葱炒鸡蛋、生菜往里面一卷就可以吃了。

🍚 主　料

墨西哥卷饼1张（约45克）、鸡蛋2个（约100克）、大葱80克、生菜1片（约20克）

☕ 辅　料

花生油2茶匙、甜面酱1/2茶匙、黄豆酱1/2茶匙、老干妈辣酱1/2茶匙

🫙 搭配推荐

第二章"羽衣甘蓝甜瓜思慕雪"

⛰ 参考热量

食材	用量	热量
墨西哥卷饼	45克	138千卡
鸡蛋	100克	144千卡
大葱	80克	22千卡
生菜	20克	2千卡
合计		306千卡

———— 烹 饪 秘 籍 ————

墨西哥卷饼要趁热卷入生菜和大葱炒鸡蛋，否则容易开裂。若已放凉，可以利用锅的余温稍微加热一下再卷。

———— 营 养 贴 士 ————

鸡蛋中的蛋白质含量多、质量高，且容易被人体消化吸收。

📝 做　法

1. 大葱洗净斜切成片。鸡蛋磕入碗中打散。生菜洗净擦干。

2. 平底不粘锅中加花生油烧热，放入大葱片炒香。

3. 淋入蛋液炒至定型，盛出备用。

4. 关火，原锅放入墨西哥卷饼，在饼上抹甜面酱、黄豆酱、老干妈辣酱。

5. 取出温热的墨西哥卷饼，放上生菜、大葱炒鸡蛋，卷起即可。

番茄青酱意面——清爽意面简单做

🕐 烹饪时间：20分钟　　🥄 难易程度：简单

👍 **特　色**

这款意面特别好吃。做法虽然简单，但味道可一点都不将就。香草、坚果和橄榄油的碰撞，带来新鲜浓郁的香气。

🍲 **主　料**

罗勒200克、橄榄油100毫升、松子40克、帕玛森干酪40克、意面100克、圣女果40克

🍵 **辅　料**

橄榄油2茶匙、蒜7克、海盐3克、黑胡椒碎2克、罗勒叶（装饰用）少许

参考热量

青酱食材	用量	热量
罗勒	200 克	52 千卡
橄榄油	100 毫升	899 千卡
松子	40 克	287 千卡
帕玛森干酪	40 克	157 千卡
意面	100 克	351 千卡
圣女果	40 克	10 千卡
合计	375 克	1756 千卡

—————— 烹 饪 秘 籍 ——————

步骤1至步骤3是制作青酱的过程，可以提前一晚完成。

将青酱装入洁净的瓶子里，表面再淋少许橄榄油防止氧化，盖盖放入冰箱冷藏保存，一周内食用。

—————— 营 养 贴 士 ——————

将普通意面换成粗粮意面，能够摄入更多的膳食纤维、维生素、微量元素。

做 法

1. 罗勒洗净择去老茎。30克帕玛森干酪擦成末。蒜去皮切成末。

2. 罗勒放入开水中汆烫10秒钟，捞出过一遍凉白开后轻轻挤干水分。

3. 将罗勒、橄榄油、松子、帕玛森干酪末、2克蒜、2克海盐、1克黑胡椒碎放入料理机中搅打成酱。

4. 深汤锅内加足量清水烧开，按包装袋上的说明将意面煮熟。

5. 圣女果洗净去蒂切四瓣。5克蒜去皮切末。

6. 平底锅中加橄榄油烧热，放入蒜末炒香，加圣女果炒熟。

7. 捞出意面放入平底锅中，用意面夹子翻拌均匀，加1克海盐、1克黑胡椒碎调味。

8. 关火，放入1汤匙青酱翻拌均匀。将意面装盘，表面撒上10克擦碎的帕玛森干酪，点缀上罗勒叶即可。

什锦炒饭——口感丰富

⏱ 烹饪时间：20分钟　　🍴 难易程度：简单

👍 特　色

什锦的意思就是尽可能多地放入蔬菜、蛋白质食材、高饱腹食材等，种类越多越好，以达到饮食多样化的目的。

🍚 主　料

熟米饭200克、鸡蛋1个（约50克）、胡萝卜20克、香菇20克、青椒20克、豌豆10克、甜玉米粒10克、豆腐干10克、松子10克

☕ 辅　料

花生油1汤匙、盐1/2茶匙、白胡椒粉1/2茶匙

🍶 搭配推荐

第二章"烫青菜"和第三章"杂粮豆浆"

食材	用量	热量
熟米饭	200 克	232 千卡
鸡蛋	50 克	72 千卡
胡萝卜	20 克	6 千卡
香菇	20 克	5 千卡
青椒	20 克	4 千卡
豌豆	10 克	11 千卡
甜玉米粒	10 克	9 千卡
豆腐干	10 克	20 千卡
松子	10 克	72 千卡
合计		431 千卡

—— 烹 饪 秘 籍 ——

米饭在放入冰箱冷藏保存之前，应尽量打散。

—— 营 养 贴 士 ——

炒饭有一个好处是因为加了许多配料，比例将近1:1，所以可以用1碗米饭做出两碗炒饭。对于控制碳水化合物的摄入是有帮助的。

📝 做 法

1. 胡萝卜洗净去皮切细粒。香菇洗净切细粒。青椒洗净去瓤切细粒。豆腐干切细粒。

2. 小锅中加水烧开，放入豌豆、甜玉米粒、豆腐干汆烫30秒钟，捞出控水。

3. 鸡蛋磕开，分离出蛋清、蛋黄。将蛋黄放入熟米饭中拌匀。

4. 不粘锅中放入花生油烧热，倒入蛋清炒散。

5. 放入所有切成细粒的食材以及豌豆、甜玉米粒、松子翻炒均匀。

6. 放入熟米饭同炒，炒至米粒干松。

7. 出锅前加盐、白胡椒粉调味即可。

小薄饼卷合菜——百吃不厌

🕐 烹饪时间：20分钟　　📋 难易程度：简单

👍 特　色

小薄饼可以提前做好或者买烤鸭饼，也可以用薄的豆腐皮代替，再炒一份合菜卷着吃。小饼特别薄，精制碳水化合物摄入量也不高，可以搭配一碗杂粮粥。

🥣 主　料

烤鸭饼30克、绿豆芽100克、韭菜80克、胡萝卜50克、绿豆粉丝30克、干木耳3克、鸡蛋1个（约50克）

☕ 辅　料

菜籽油2茶匙、香油1/2茶匙、盐1/2茶匙、糖1/4茶匙、白胡椒粉1/4茶匙

🍶 搭配推荐

第三章"八宝粥"

参考热量

食材	用量	热量
烤鸭饼	30 克	74 千卡
绿豆芽	100 克	16 千卡
韭菜	80 克	20 千卡
胡萝卜	50 克	16 千卡
绿豆粉丝	30 克	107 千卡
干木耳	3 克	8 千卡
鸡蛋	50 克	72 千卡
合计		313 千卡

──── 烹饪秘籍 ────

步骤1至步骤3可以提前一晚完成。韭菜洗净就可以，使用时再切段。

──── 营养贴士 ────

一餐中可以摄入更多膳食纤维含量较高的蔬菜，很低的热量就能让人有饱腹感。

做 法

1. 胡萝卜洗净去皮擦成细丝。韭菜择洗干净切段。鸡蛋磕入碗中打散。

2. 绿豆芽洗净控水。绿豆粉丝用温水泡软。干木耳泡发洗净切丝。

3. 不粘锅烧热，抹几滴菜籽油，倒入蛋液摊成蛋饼，切丝备用。

4. 原锅放入剩下的菜籽油烧热，放入胡萝卜、绿豆芽、木耳炒1分钟。

5. 接着放入韭菜、绿豆粉丝、蛋饼丝翻炒均匀。

6. 加入盐、糖、白胡椒粉调味，淋入香油拌匀。

7. 盛出炒合菜，卷入烤鸭饼里即可食用。

蛋奶马克杯———一杯早餐

烹饪时间：10分钟　难易程度：简单

所有食材拌匀，放入微波炉里加热，几分钟后就可以吃了。使用微波炉能大大提高烹饪效率。

主 料

鸡蛋2个（约100克）、牛奶30毫升、北豆腐30克、红彩椒20克、车达奶酪20克

辅 料

黑胡椒碎1/4茶匙、小葱5克

搭配推荐

第三章"蔬菜手工面包"

—— 烹 饪 秘 籍 ——

这道早餐可以用梅森杯或者其他可以微波的盛器来制作。可根据蛋液的凝固情况决定加热的时间。马克杯很烫，取出时需戴隔热手套。

—— 营 养 贴 士 ——

对于高水分食材来说，只要加热温度合适，微波炉加热并不会比其他加热方式令其损失更多的营养成分。

参考热量

食材	用量	热量
鸡蛋	100克	144千卡
牛奶	30毫升	16千卡
北豆腐	30克	35千卡
红彩椒	20克	5千卡
车达奶酪	20克	76千卡
合计		276千卡

做 法

1. 红彩椒洗净切小块。北豆腐掰碎。小葱洗净切粒。

2. 马克杯中磕入鸡蛋打散，加牛奶、黑胡椒碎拌匀。

3. 加入北豆腐、红彩椒、擦碎的车达奶酪、小葱拌匀。

4. 将马克杯放入微波炉中，高火加热45秒钟。

5. 取出马克杯，将食材搅拌均匀。

6. 再次将马克杯放入微波炉中，高火加热45秒钟即可。

快手豆腐脑——鲜香嫩滑

烹饪时间：20分钟　　难易程度：简单

特 色

将一盒新鲜的内酯豆腐放入水里烫一烫，做一碗嫩滑的豆腐脑。加点虾皮、紫菜，淋点酱油、香油，衬托出诱人的豆香味。

主 料

内酯豆腐200克、榨菜5克、紫菜2克、虾皮2克

辅 料

香油1茶匙、美极鲜酱油2茶匙、辣椒油1茶匙、香菜2克

搭配推荐

第二章"青菜素包子"

—— 烹 饪 秘 籍 ——

豆腐种类很多，选用内酯豆腐口感最好。

—— 营 养 贴 士 ——

豆腐脑属于蛋白质类早餐，需要再加些其他类别的食物补足各种营养。

参考热量

食材	用量	热量
内酯豆腐	200 克	100 千卡
榨菜	5 克	2 千卡
紫菜	2 克	5 千卡
虾皮	2 克	3 千卡
合计		110 千卡

做 法

1. 榨菜切末。紫菜撕碎。香菜洗净切末。

2. 汤锅中加水烧开，轻轻地放入内酯豆腐煮1分钟。

3. 将内酯豆腐盛入碗中，放上榨菜、紫菜、虾皮。

4. 淋上美极鲜酱油、香油、辣椒油，撒上香菜末即可。

果蔬夹心欧包——投入欧包的怀抱

烹饪时间：15分钟　　难易程度：简单

👍 特　色

粗粮短欧包掏出部分面包心，填满健康又好吃的食材。杏鲍菇煎一煎，焦香有嚼劲，配上牛油果粒，软糯又滋润。

🥣 主　料

欧包1个（约100克）、杏鲍菇50克、牛油果50克

☕ 辅　料

橄榄油1/2茶匙、海盐1/4茶匙、黑胡椒碎1/4茶匙

🔌 搭配推荐

第四章"舔嘴豆浆"

—— 烹 饪 秘 籍 ——

加点水煎杏鲍菇，可以使其口感更软。

—— 营 养 贴 士 ——

牛油果热量不低，但是只要搭配合理，不过量食用就可以。

⛰ 参考热量

食材	用量	热量
欧包	100克	319 千卡
杏鲍菇	50克	18 千卡
牛油果	50克	86 千卡
合计		423 千卡

📝 做　法

1. 杏鲍菇洗净切粒。牛油果去皮去核切粒。

2. 不粘锅中加橄榄油烧热，放入杏鲍菇煎制。

3. 加1汤匙清水略煮，加海盐、黑胡椒碎调味，盛入碗中。

4. 将牛油果粒也放入碗中，与杏鲍菇一起拌匀。

5. 欧包横向刨开，掏出部分面包心。

6. 将杏鲍菇牛油果粒塞入欧包即可。

薄底比萨——简单易做

🕐 烹饪时间：20分钟　　✋ 难易程度：简单

👍 **特 色**

阳光明媚的早晨，做个"偷懒版"的薄底比萨，只要几分钟就能烤好。现成的墨西哥卷饼用起来真方便，加了喜欢的馅料，心情像阳光一样美好。

主　料

墨西哥卷饼1张（约45克）、口蘑100克、菠菜100克、牛油果50克、酸奶15毫升、马苏里拉奶酪30克

辅　料

橄榄油1汤匙、海盐1/2茶匙、黑胡椒碎1/2茶匙、洋葱10克、蒜3克

搭配推荐

第三章"杂粮豆浆"

参考热量

食材	用量	热量
墨西哥卷饼	45克	138千卡
口蘑	100克	44千卡
菠菜	100克	28千卡
牛油果	50克	86千卡
酸奶	15毫升	11千卡
马苏里拉奶酪	30克	88千卡
洋葱	10克	4千卡
合计		399千卡

--- 烹饪秘籍 ---

口蘑要煎到水分完全收干，会更好吃。

--- 营养贴士 ---

菠菜中含有草酸，焯水后可以去掉草酸。

做　法

1. 烤箱预热至210℃，烤盘垫上烘焙纸。

2. 口蘑洗净切片。菠菜洗净取菠菜叶焯水备用。牛油果去皮去核。

3. 炒锅中加橄榄油烧热，放入口蘑煎至焦黄。

4. 放入菠菜叶炒匀，加海盐、黑胡椒碎调味，盛出备用。

5. 将牛油果、酸奶、洋葱、蒜放入料理机中搅打成牛油果酱。

6. 墨西哥卷饼放入烤盘，表面涂抹一层牛油果酱，撒少许马苏里拉奶酪。

7. 将口蘑菠菜平铺在墨西哥卷饼上，上面再撒上剩余的马苏里拉奶酪。

8. 将烤盘放入烤箱烤5分钟，烤至顶部奶酪熔化即可。

烤南瓜浓汤——健康美味

🕐 烹饪时间：20分钟　　🍴 难易程度：简单

👍 **特 色**

南瓜提前烤熟，冷藏或冷冻保存于冰箱中。想要做浓汤时，取出一块使用即可。用烤过的南瓜做汤，带着烘烤的焦香气息，完美地平衡了南瓜甜腻的味道。

🥣 主 料

板栗南瓜1个（约500克）、洋葱20克、牛奶200毫升

🍵 辅 料

黄油5克、海盐1/4茶匙、黑胡椒碎1/4茶匙、百里香1克

搭配推荐

第一章"鲜虾可颂"

📐 参考热量

食材	用量	热量
板栗南瓜	500克	455千卡
洋葱	20克	8千卡
牛奶	200毫升	108千卡
黄油	5克	44千卡
合计		615千卡

--- 烹饪秘籍 ---

使用手持搅拌器在同一个锅里就可以完成全部操作。手持搅拌器还很方便清洗。

--- 营养贴士 ---

南瓜是非常好的健康食物。富含胡萝卜素，高钾低钠，还含有丰富的膳食纤维。

做 法

1. 板栗南瓜洗净表面，对半切开，去瓤。

2. 将南瓜放入烤箱，200℃烤40分钟。

3. 取出南瓜晾凉，留150克冷藏保存，其余分成小份密封冷冻保存。

4. 早餐当天，将洋葱洗净切粒。

5. 小锅内加黄油熔化，放入洋葱粒炒至焦香。

6. 放入冷藏的烤南瓜，倒入牛奶及适量清水煮沸。

7. 用手持搅拌器在锅中将食材打成细腻的浓汤。

8. 加海盐、黑胡椒碎调味。

9. 将南瓜浓汤装盘，表面点缀上百里香即可。

免煮燕麦碗——不花时间的健康早餐

烹饪时间：10分钟　　　难易程度：简单

特 色

可以事先准备，第二天早上只需1分钟就可以吃上早餐了。装在容器里携带也很方便，赶时间也能吃上营养早餐。

🥣 主 料

燕麦片30克、奇亚籽粉10克、山核桃仁10克、香蕉50克、蓝莓30克、树莓10克、牛奶300毫升

☕ 辅 料

枫糖浆5毫升、肉桂粉1/2茶匙、原味花生酱15克、椰蓉2克

🍶 搭配推荐

第二章"低脂凯撒沙拉"

烹 任 秘 籍

如果想要便于携带，容器就选择有盖子的梅森杯。如果想要早上吃温热的燕麦碗，就选择可以微波加热的碗或杯子。主料中的液体食材可以是牛奶、酸奶、椰奶、豆奶等。

营 养 贴 士

与白米白面相比，摄入量相同时，燕麦更具饱腹感，餐后血糖更稳定，具有更高的营养密度。

🏔 参考热量

食材	用量	热量
燕麦片	30克	101千卡
奇亚籽粉	10克	53千卡
山核桃仁	10克	61千卡
香蕉	50克	47千卡
蓝莓	30克	17千卡
树莓	10克	5千卡
牛奶	300毫升	162千卡
枫糖浆	5毫升	18千卡
原味花生酱	15克	90千卡
合计		554千卡

📝 做 法

1. 准备一个碗，放入燕麦片、奇亚籽粉、山核桃仁、枫糖浆、肉桂粉。

2. 香蕉去皮切片，放入燕麦碗中。

3. 倒入牛奶，直至没过所有食材，轻轻搅拌均匀。

4. 将燕麦碗密封后放入冰箱冷藏一夜。

5. 早餐当天，蓝莓洗净擦干，树莓洗净擦干。

6. 取出燕麦碗，表面装饰上蓝莓、树莓、原味花生酱、椰蓉即可。

意式奶酪草莓卷——卷起美味

🕐 烹饪时间：20分钟　　🥄 难易程度：简单

马斯卡彭奶酪手动搅打就好，它口感细腻，奶香浓郁，加不加糖都没关系，只要加上草莓，口感就完美了。

🥄 主　料

吐司1片（约40克）、草莓2个（约40克）、马斯卡彭奶酪30克

🍵 辅　料

糖粉1茶匙（约4克）

⛰ 参考热量

食材	用量	热量
吐司	40克	111千卡
草莓	40克	13千卡
马斯卡彭奶酪	30克	118千卡
糖粉	4克	16千卡
合计		258千卡

—————— 烹 饪 秘 籍 ——————

也可以挑选两个大小一致的草莓，整粒卷入吐司中，卷出来更好看。

—————— 营 养 贴 士 ——————

奶酪是偶尔调剂口味的食物，其脂肪含量不低，不要过量食用。

📝 做　法

1. 吐司切掉四边。草莓洗净去蒂切成小粒。

2. 马斯卡彭奶酪、糖粉放入碗中搅拌顺滑。

3. 将草莓粒加入马斯卡彭奶酪中拌匀。

4. 吐司片下面垫上保鲜膜，将马斯卡彭奶酪抹在吐司片上。

5. 一侧抹成凸起的山坡状，另一侧留1厘米空白。

6. 连同保鲜膜一起卷起吐司片，保鲜膜两头拧紧。

7. 将吐司卷放入冰箱冷藏20分钟。

8. 取出吐司卷，切段，去掉保鲜膜。

酸奶水果杯
——滋润又果腹

🕐 烹饪时间：15分钟　　🔪 难易程度：简单

将酸奶、水果、谷物麦片拌在一起吃，夏天最喜欢这样吃。北方有暖气，干燥的冬天也特别想来一碗，真是太惬意了。

🥣 主　料

酸奶250毫升、椰奶60毫升、香蕉80克、西柚30克、奇亚籽10克、维他麦10克、即食谷物燕麦片10克

🍚 参考热量

食材	用量	热量
酸奶	250 毫升	180 千卡
椰奶	60 毫升	76 千卡
香蕉	80 克	74 千卡
西柚	30 克	10 千卡
奇亚籽	10 克	43 千卡
维他麦	10 克	42 千卡
即食谷物燕麦片	10 克	39 千卡
合计		464 千卡

📝 做　法

1. 奇亚籽放入保鲜盒中，加入椰奶拌匀，密封冷藏保存一夜。

2. 西柚洗净，切一片完整西柚，对半切开留作装饰，剩余西柚剥出果肉备用。

─── 烹 饪 秘 籍 ───

如果没有椰奶，可以替换成牛奶或者纯净水。

─── 营 养 贴 士 ───

奇亚籽易被人体消化吸收，整粒食用都可以。

3. 玻璃杯擦干净，将西柚片放入杯子侧壁贴紧。

4. 将酸奶、香蕉放入料理机搅打顺滑。

5. 将泡发的奇亚籽放入杯子内，倒入香蕉酸奶。

6. 表面点缀上西柚果肉、维他麦、即食谷物燕麦片即可。

特色

纯巧克力里面有对身体有益的成分，只要不是太甜，还是可以吃一点的，偶尔奖励自己一杯加巧克力的酸奶吧。

主料

草莓100克、纯酸奶400克、鲜奶油30毫升、黑巧克力25克

参考热量

食材	用量	热量
草莓	100 克	32 千卡
纯酸奶	400 克	232 千卡
鲜奶油	30 毫升	60 千卡
黑巧克力	25 克	129 千卡
合计		453 千卡

烹饪秘籍

酸奶乳清过滤器可以用咖啡机滤网或者细纱布代替。过滤下来的乳清可以喝掉，或者制作面包时用来代替水。过滤酸奶时，在冰箱里冷藏的过程中，冰箱里最好没有气味特别大的食物，酸奶吸附了别的味道就不好喝了。

营养贴士

要购买没有添加糖、香精、果粒、奶油等成分的酸奶，脂肪含量在3%左右就可以了。

草莓酸奶巧克力碎
——早，甜蜜时光

🕐 烹饪时间：10分钟　　🥄 难易程度：简单

做法

1. 将纯酸奶倒入酸奶乳清过滤器里。

2. 盖盖密封，放入冰箱冷藏一夜。

3. 早餐当天，将草莓洗净去蒂，切块。黑巧克力切碎。

4. 将草莓、过滤好的酸奶、鲜奶油放入料理机里打成草莓酸奶。

5. 将草莓酸奶倒入杯中，点缀上黑巧克力碎即可。

浆果杏仁思慕雪——水润有活力

 烹饪时间：10分钟　　难易程度：简单

👍 特 色

虽然现在都提倡水果要吃完整的，但是偶尔从美食的角度出发，想获得更好的口感，换换口味也可以。思慕雪真是既饱腹又美味。

🥢 主 料

蓝莓120克、草莓120克、牛油果50克、香蕉50克、原味大杏仁30克、原味腰果30克

☕ 辅 料

枫糖浆15毫升、椰浆15毫升、椰蓉4克

⛰ 参考热量

食材	用量	热量
蓝莓	120克	68千卡
草莓	120克	38千卡
牛油果	50克	86千卡
香蕉	50克	47千卡
原味大杏仁	30克	176千卡
原味腰果	30克	185千卡
枫糖浆	15毫升	55千卡
椰浆	15毫升	30千卡
椰蓉	4克	28千卡
合计		713千卡

———— 烹 饪 秘 籍 ————

浆果类的食材不适合提前一晚清洗出来。清洗的过程中难免会磕碰，存放久了就容易变质。牛油果切开以后容易氧化，应现用现切。

———— 营 养 贴 士 ————

搅打过的思慕雪为了避免营养流失，制作完尽快喝掉比较好。

📝 做 法

1. 将原味大杏仁、原味腰果洗净，放入清水中，置于冰箱中冷藏浸泡一夜。

2. 早餐当天，将坚果捞出放入料理机，加200毫升纯净水搅打细腻。

3. 蓝莓洗净。草莓洗净去蒂切块。取少许蓝莓、草莓留作装饰用。

4. 牛油果去皮去核切块。香蕉去皮切块。

5. 将蓝莓、草莓、牛油果、香蕉、枫糖浆、椰浆放入料理机搅打均匀。

6. 将做好的思慕雪倒入杯子中，点缀少许蓝莓、草莓，表面撒上椰蓉即可。

舔嘴豆浆
——豆香浓郁

⏱ 烹饪时间：30分钟　　🔪 难易程度：简单

👍 **特 色**

将黄豆蒸熟，用料理机打浆，可以做成浓度更高的豆浆。小小一杯就能补充一日所需的黄豆量。

🍚 **主 料**

黄豆100克

🫙 **搭配推荐**

第四章"葱花炒蛋卷饼"

🍲 **参考热量**

食材	用量	热量
黄豆	100克	390千卡
合计		390千卡

—— 烹饪秘籍 ——

夏天，黄豆泡发后放在冰箱里冷藏更安全，可以防止变质。

—— 营养贴士 ——

一个人一天摄入20克左右干黄豆就可以了。如果做的豆浆比较浓，可以减少分量，少喝一点就行。

📝 **做 法**

1. 黄豆放入清水中浸泡至完全涨发，捞出洗净。

2. 将黄豆放入电压力锅，加入没过黄豆的清水，将黄豆煮熟。

3. 将黄豆分成5份，留出需要的量密封冷藏，其余豆子密封冷冻保存。

4. 早餐当天，将黄豆加3倍的水放入料理机搅打至细腻无渣。

5. 将豆浆倒入小锅，加热至70℃左右即可，不必煮沸。